医药高等职业教育新形态教材

U0741365

Linux 环境与程序设计实训手册

（供智能医疗装备技术专业用）

主　审　洪国慧

主　编　董安定　左凤梅　尚文文

副主编　朱振宇

编　者　（以姓氏笔画为序）

王一涵（江苏医药职业学院）

左凤梅（江苏医药职业学院）

朱振宇（江苏医药职业学院）

刘　琼（江苏医药职业学院）

许海兵（江苏医药职业学院）

李　伟（江苏医药职业学院）

尚文文（江苏医药职业学院）

董安定（江苏医药职业学院）

中国健康传媒集团
中国医药科技出版社

内 容 提 要

本教材是"医药高等职业教育新形态教材"之一，系根据高等职业教育教学标准的要求，以高等职业院校智能医疗装备技术专业人才培养目标为依据编写而成。内容包括两部分：实训项目和常用Linux命令介绍。操作性和实用性强、突出创新，方便学生对知识点的加深理解和学习。

本教材可供全国高等职业院校智能医疗装备技术专业师生教学使用，也可作为相关从业人员的参考用书。

图书在版编目（CIP）数据

Linux环境与程序设计实训手册/董安定，左凤梅，尚文文主编.—北京：中国医药科技出版社，2023.11
医药高等职业教育新形态教材
ISBN 978-7-5214-4266-3

Ⅰ.①L… Ⅱ.①董… ②左… ③尚… Ⅲ.①Linux操作系统–程序设计–高等职业教育–教材 Ⅳ.①TP316.85

中国国家版本馆CIP数据核字（2023）第198788号

美术编辑 陈君杞
版式设计 友全图文

出版　**中国健康传媒集团** | 中国医药科技出版社
地址　北京市海淀区文慧园北路甲22号
邮编　100082
电话　发行：010-62227427　邮购：010-62236938
网址　www.cmstp.com
规格　787×1092mm $\frac{1}{16}$
印张　8 $\frac{1}{2}$
字数　184千字
版次　2023年11月第1版
印次　2023年11月第1次印刷
印刷　北京印刷集团有限责任公司
经销　全国各地新华书店
书号　ISBN 978-7-5214-4266-3
定价　**39.00元**

获取新书信息、投稿、为图书纠错，请扫码联系我们。

版权所有　盗版必究
举报电话：010-62228771
本社图书如存在印装质量问题请与本社联系调换

医药高等职业教育新形态教材

建设指导委员会

主 任 委 员　陈国忠（江苏医药职业学院）

副主任委员　高璀乡（江苏医药职业学院）

　　　　　　夏立平（江苏护理职业学院）

委　　　员　王庭之（江苏医药职业学院）

　　　　　　何曙芝（江苏医药职业学院）

　　　　　　于广华（江苏医药职业学院）

　　　　　　吴　芹（江苏医药职业学院）

　　　　　　俞　敏（江苏医药职业学院）

　　　　　　徐红涛（江苏医药职业学院）

　　　　　　陆建霞（江苏医药职业学院）

　　　　　　杨留才（江苏医药职业学院）

　　　　　　王英姿（江苏医药职业学院）

　　　　　　袁金勇（江苏医药职业学院）

　　　　　　魏志明（江苏医药职业学院）

　　　　　　董安定（江苏医药职业学院）

　　　　　　孙雯敏（盐城市第一人民医院）

　　　　　　宋建祥（盐城市第三人民医院）

医药高等职业教育新形态教材

评审委员会

主任委员　杨文秀（天津医学高等专科学校）

副主任委员　瞿才新（盐城工业职业技术学院）

　　　　　　时玉昌（江苏卫生健康职业学院）

委　　员　　许光旭（中国康复医学会）

　　　　　　胡殿雷（徐州医学院附属第三医院）

　　　　　　李雪甫（江苏护理职业学院）

　　　　　　方明明（江苏卫生健康职业学院）

　　　　　　胡　勇（江苏护理职业学院）

　　　　　　吕　颖（江苏医药职业学院）

　　　　　　孔建飞（江苏医药职业学院）

　　　　　　郝　玲（江苏医药职业学院）

　　　　　　顾　娟（江苏医药职业学院）

　　　　　　辛　春（江苏医药职业学院）

　　　　　　张绍岚（江苏医药职业学院）

　　　　　　张　虎（江苏医药职业学院）

　　　　　　王　玮（江苏医药职业学院）

　　　　　　周　慧（江苏医药职业学院）

前　言

在当今信息技术飞速发展的时代，操作系统作为计算机科学领域的核心基础，其重要性不言而喻。Linux作为一个自由开源的操作系统，因其稳定、安全、灵活等特点，已成为许多领域的首选，特别是在智能医疗设备上的使用。而在Linux环境下进行程序设计，则是培养智能医疗装备从业人员的重要途径之一。本教材旨在为广大读者提供一份全面、系统的Linux环境与程序设计实训指南，帮助读者深入了解Linux操作系统，掌握程序设计的基本原理与方法，并能在实际项目中灵活应用。

本教材内容涵盖Linux操作系统的基础知识、常用命令、文件系统管理、Shell编程、进程管理、网络编程等多个方面。通过理论与实践相结合的方式，读者将从零开始探索Linux环境，并逐步深入程序设计的实际应用。与其他教材相比，本教材注重将知识点与实际案例相结合，通过大量的示例代码和实际操作指导，帮助读者更好地理解和掌握相关概念与技能。

本教材秉持着准确、实用的编写原则。我们以广大初学者为目标读者，力求将复杂的技术概念以简洁明了的语言进行解释，尽量避免过多的专业术语和抽象概念，让每一个读者都能轻松理解。在方法上，我们采用了"自顶向下"的编写方式，首先从整体上介绍Linux环境与程序设计的框架，然后逐步深入各个细节内容。编写过程中，我们进行了广泛的资料收集、技术调研和实践验证，以确保所呈现的内容准确可靠。同时，我们团队合作，充分发挥各自的专长，确保每一个章节都能得到充分的关注和深入挖掘。

本教材可供高等职业院校智能医疗装备技术相关专业的学生作为教材使用，也可作为对Linux操作系统和程序设计感兴趣的初学者的参考用书，还适用于企业培训和技术交流活动，为专业人士提供参考和指导。

在本教材的编写过程中，我们受益于许多前辈的经验和开源社区的分享，在此向所有为Linux和程序设计领域做出贡献的人士表示由衷的感谢。虽然我们努力做到准确无误，但难免有疏漏之处，恳请广大读者提出宝贵意见，以便修订时完善。

编　者

2023年8月

目 录

1

第一部分 实训项目

实训一 软件安装

一、实训目标

成功安装虚拟机和Ubuntu。

二、实训步骤

1.虚拟机VMware安装 按图1-1至图1-13的操作步骤，在官网上下载VMware，网址如下：https：//www.vmware.com/products/workstation-pro/workstation-pro-evaluation.html。

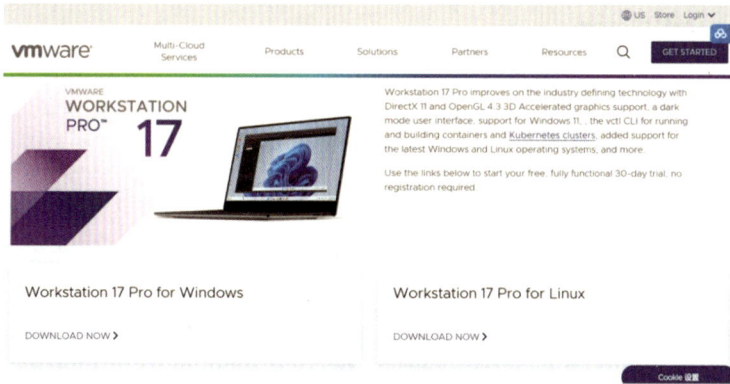

图 1-1

图 1-2

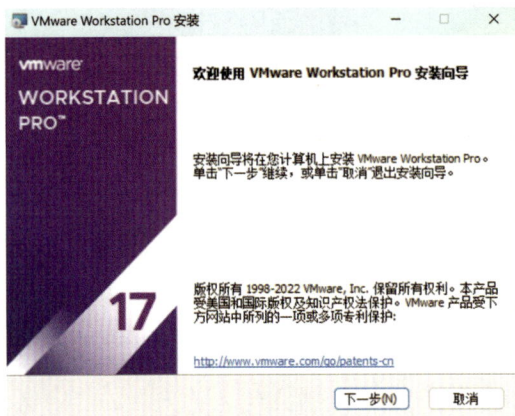

图 1-3

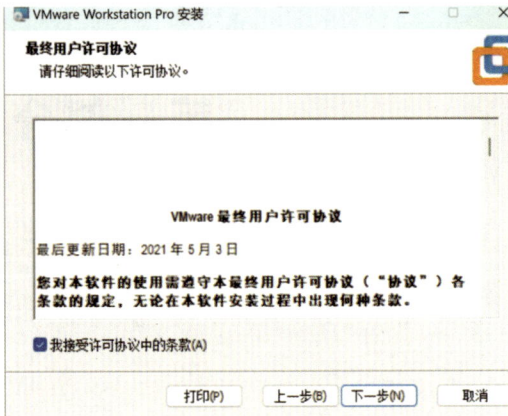

图 1-4

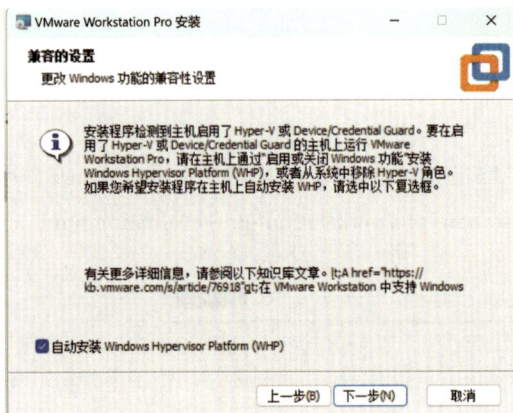

图 1-5

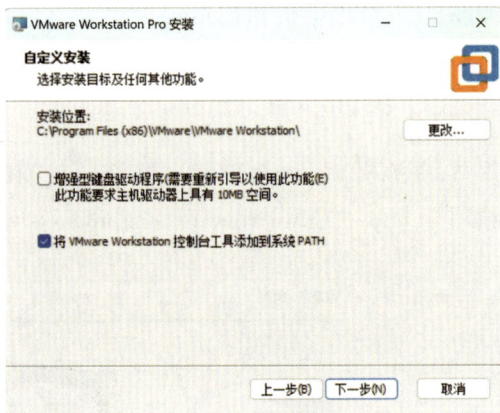

图 1-6

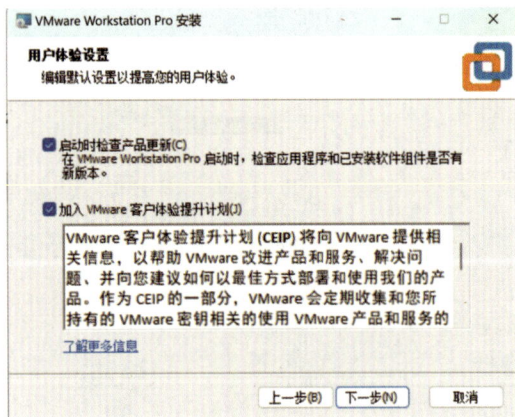

图 1-7

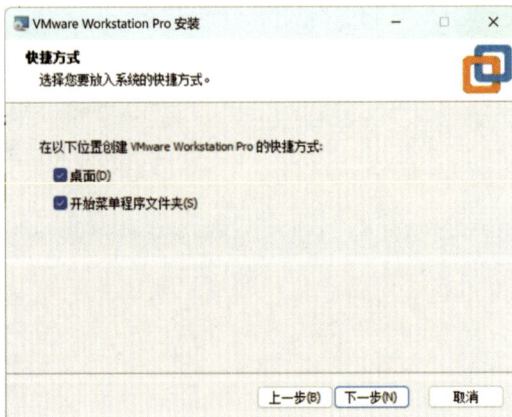

图 1-8

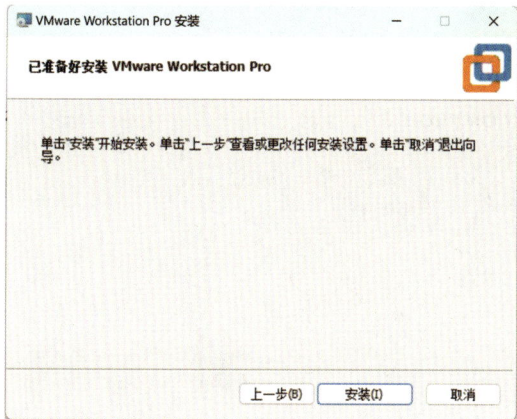

图 1-9

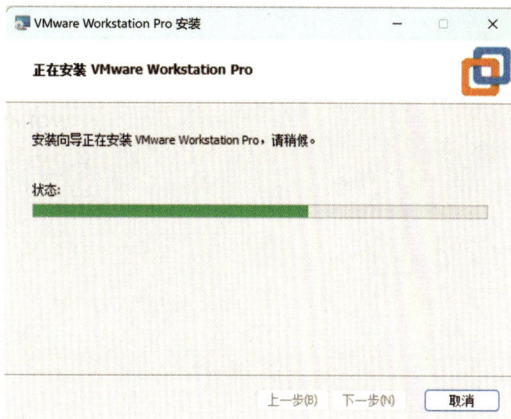

图 1-10

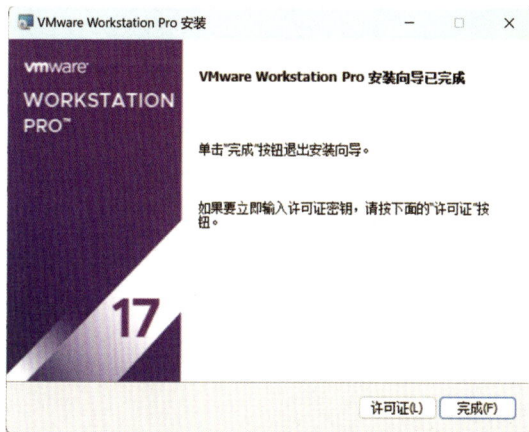

图 1-11

图 1-12

图 1-13

2. Ubuntu 安装

（1）打开VMware Worksatation新建虚拟机，选择"自定义"（图1-14，图1-15）。

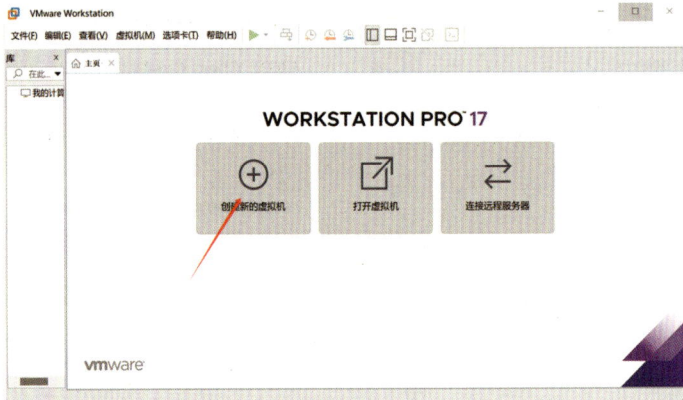

图 1-14

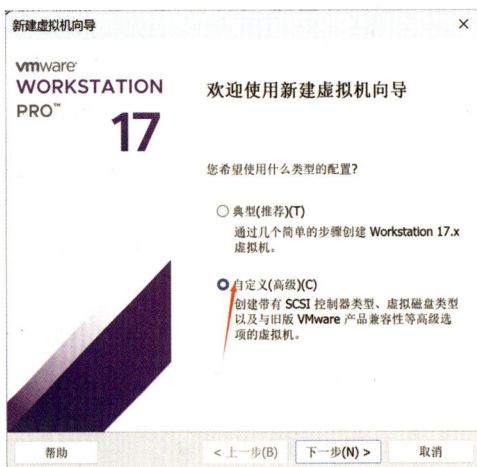

图 1-15

（2）如图1-16默认，选择"下一步"，然后选择"稍后安装操作系统"（图1-17）。

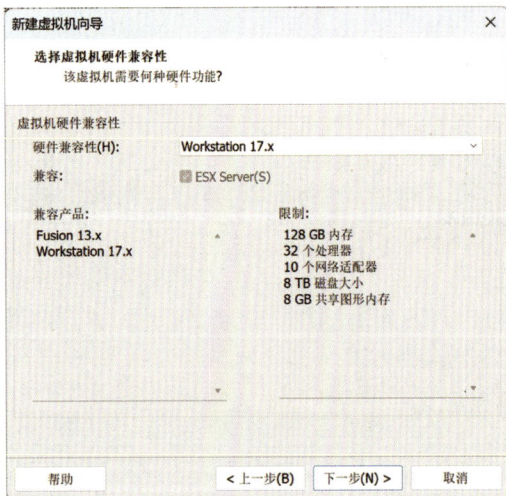

图 1-16

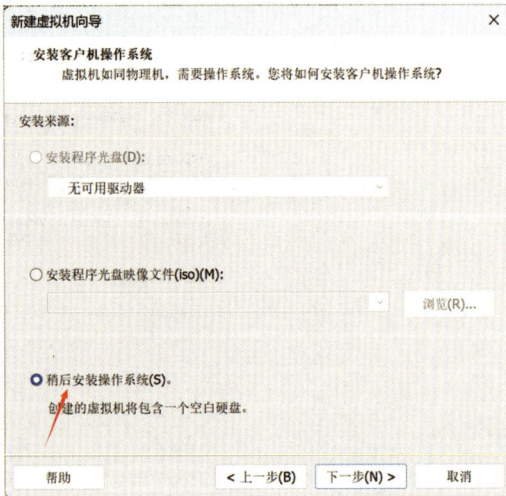

图 1-17

（3）客户机操作系统选择"Linux"，版本选择"Ubuntu 64位"（图1-18）。

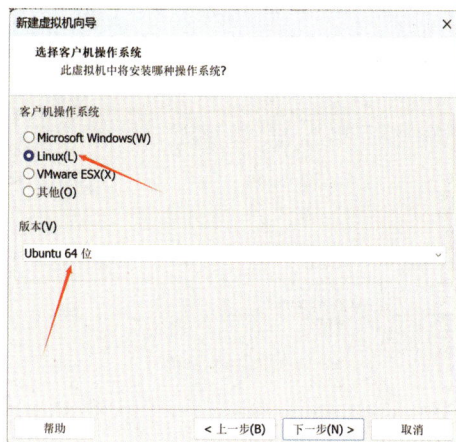

图 1-18

（4）虚拟机名称和位置根据自己的需求自定义（图1-19）。

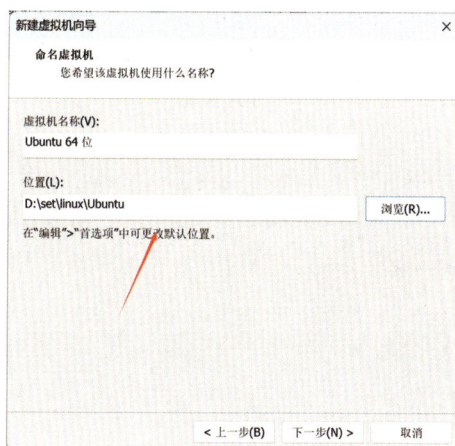

图 1-19

（5）处理器配置根据自己电脑进行选择，然后选择"下一步"（图1-20）。

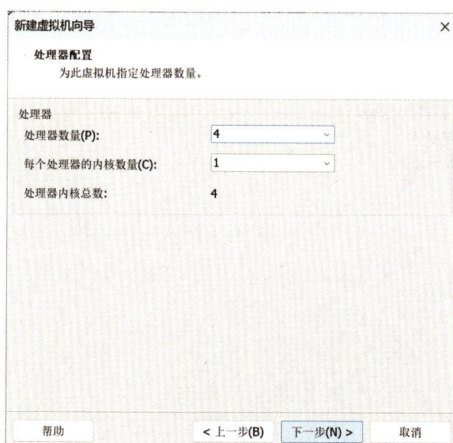

图 1-20

（6）虚拟机内存根据自己电脑配置进行选择，此处选择"4GB"（图1-21）。

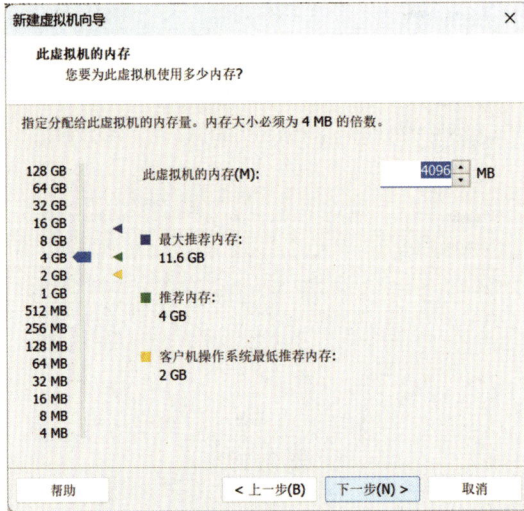

图 1-21

（7）选择NAT网络，方便联网，然后选择"LSI Logic"（图1-22，图1-23）。

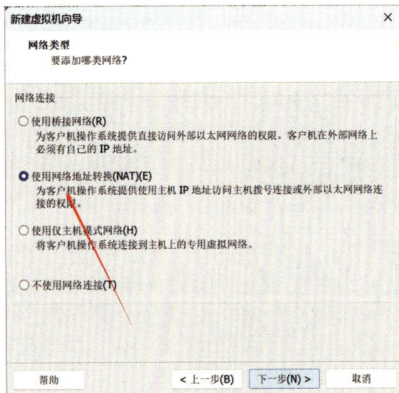

图 1-22

图 1-23

（8）选择"SCSI"，点击"下一步"（图1-24）。

图 1-24

（9）选择"创建新虚拟磁盘"，点击"下一步"（图1-25）。

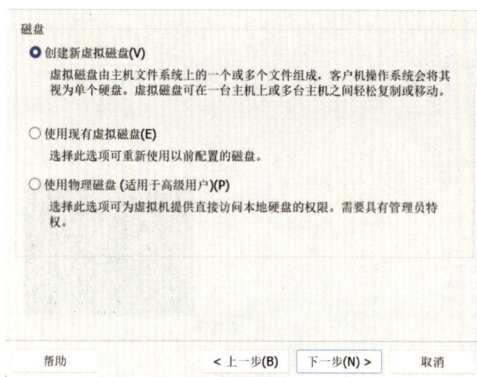

图 1-25

（10）指定磁盘容量和类型，磁盘容量根据自己电脑进行设置（图1-26）。

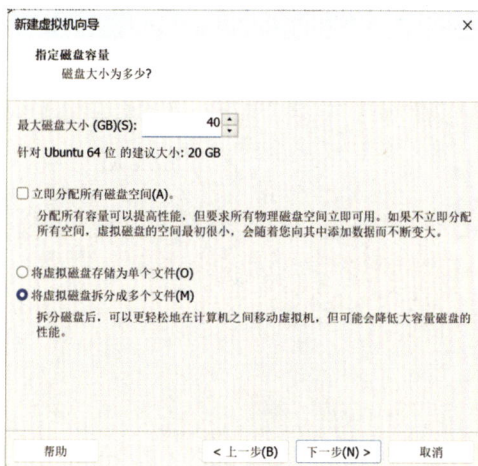

图 1-26

（11）选择"下一步"，点击"完成"（图1-27，图1-28）。

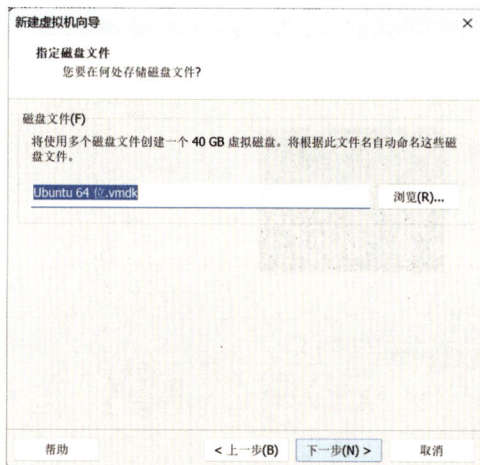

图 1-27

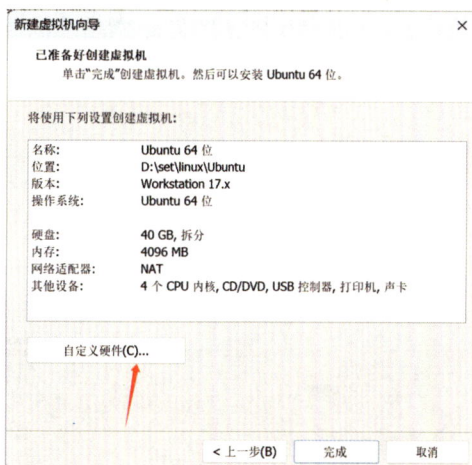

图 1-28

（12）选择"编辑虚拟机设置"，然后选择"CD/DVD"，选择"ISO镜像"文件，点击"确定"（图1-29，图1-30）。

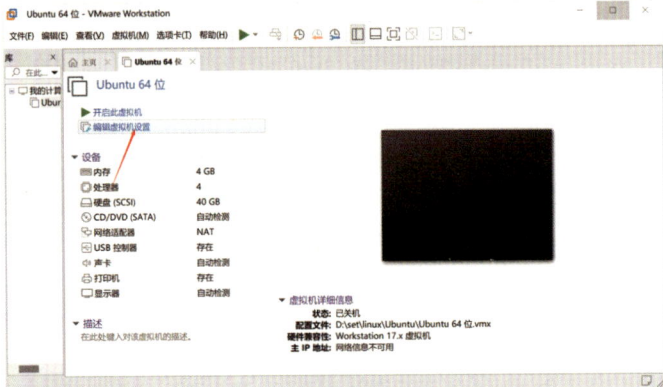

图 1-29

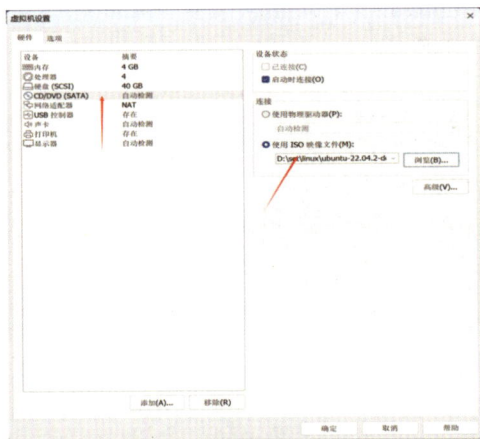

图 1-30

（13）开启此虚拟机，等待安装（图1-31，图1-32）。

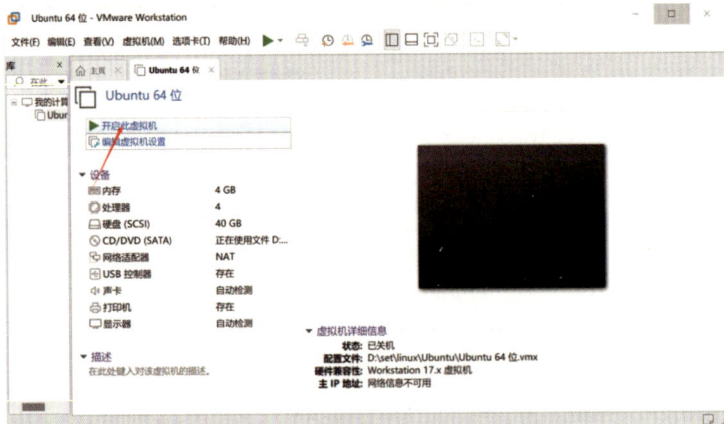

图 1-31

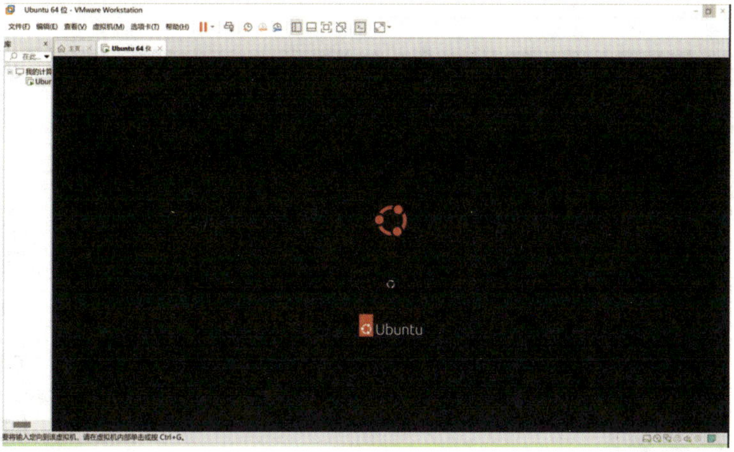

图 1-32

（14）安装Ubuntu，建议选择"English"继续（图1-33，图1-34）。

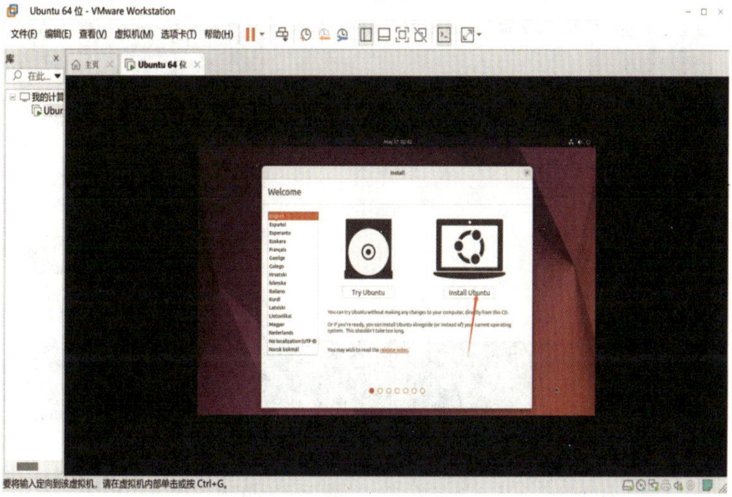

图 1-33

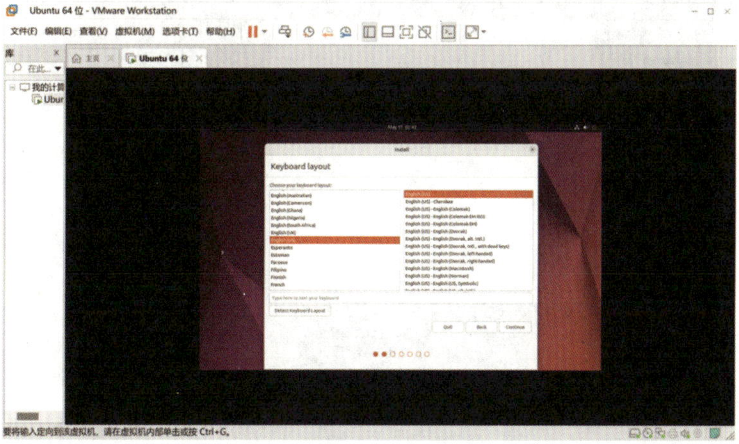

图 1-34

（15）默认选择，继续（图1-35，图-36）。

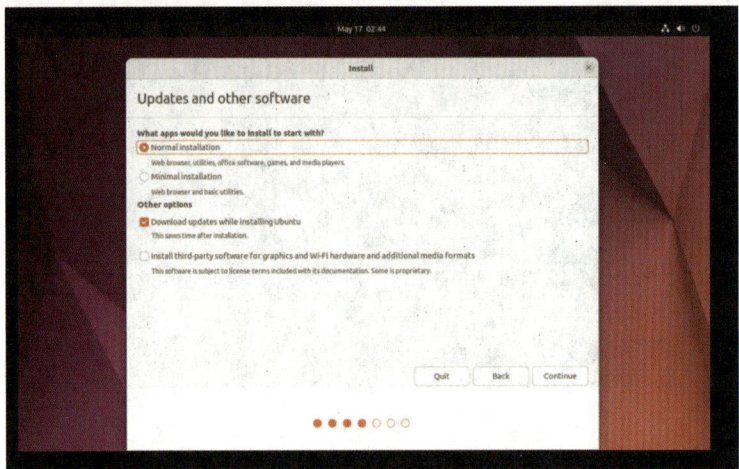

图 1-35

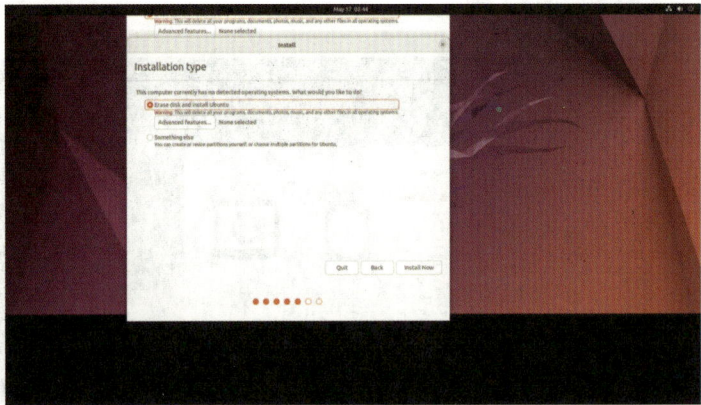

图 1-36

（16）自定义用户名和密码，安装完成后登录系统即可（图1-37）。

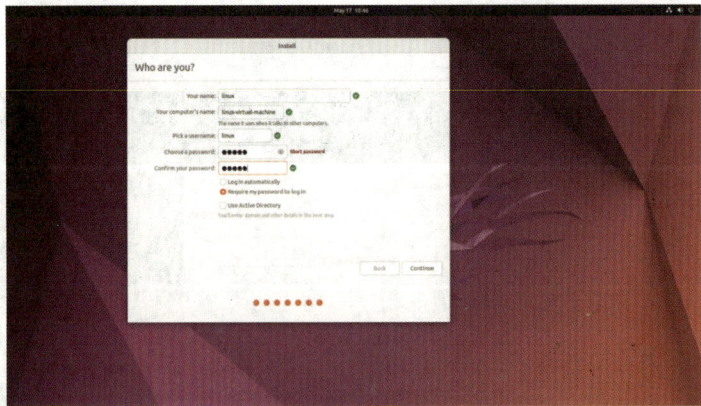

图 1-37

到此，整个Ubuntu虚拟机就安装完成，接下来开始进行开发环境搭建。安装和配置你需要的软件。

三、注意事项

（1）在安装软件包之前，确保网络连接正常。

（2）根据软件包的来源选择合适的安装方法。

（3）遵循安装过程中的提示和指导。

实训二　文件和目录的创建

一、实训目标

掌握创建文件和目录的方法。

二、实训步骤

1.文件的创建

（1）打开终端窗口（Ctrl+Alt+T）。

（2）使用以下命令创建一个新的空文件：

```
linux@linux-virtual-machine: $ touch my_file.txt
linux@linux-virtual-machine: $
```

这将在当前位置创建一个名为"my_file.txt"的文件。

（3）确认文件是否已成功创建。

```
linux@linux-virtual-machine: $ ls
Desktop    Downloads    my_directory    Pictures    snap        Videos
Documents  Music        my_file.txt     Public      Templates
linux@linux-virtual-machine: $
```

此时应该看到"my_file.txt"在列表中。

2.目录的创建

（1）打开终端窗口（Ctrl+Alt+T）。

（2）使用以下命令创建一个新的目录：

```
linux@linux-virtual-machine: $ mkdir my_directory
```

这将在当前位置创建一个名为"my_directory"的目录。

（3）确认目录是否已成功创建。

```
linux@linux-virtual-machine: $ mkdir my_directory
linux@linux-virtual-machine: $ ls
Desktop    Downloads    my_directory    Public    Templates
Documents  Music        Pictures        snap      Videos
```

此时应该看到"my_directory"在列表中。

三、注意事项

（1）在创建文件和目录时，确保使用合适的权限和路径。

（2）避免重复创建已经存在的文件或目录。

（3）仔细检查创建的文件和目录名称，避免输入错误。

实训三　目录导航和基本操作

一、实训目标

（1）学会使用cd命令切换目录。

（2）掌握使用ls命令列出目录内容的方法。

（3）理解使用pwd命令显示当前工作目录的概念。

二、实训步骤

1.切换目录　打开终端，输入以下命令切换到目标目录：

```
linux@linux-virtual-machine:~$ cd ./test
linux@linux-virtual-machine:~/test$
```

其中，test是你想要切换到的目录路径。例如，要切换到根目录，可以使用命令：

```
linux@linux-virtual-machine:~/test$ cd /
linux@linux-virtual-machine:/$
```

2.列出目录内容　输入以下命令列出当前目录的内容：

```
linux@linux-virtual-machine:~$ ls
Desktop    Downloads  my_directory  Pictures  snap       test
Documents  Music      my_file.txt   Public    Templates  Videos
```

3.显示当前工作目录　输入以下命令显示当前工作目录的路径：

```
linux@linux-virtual-machine:~$ pwd
/home/linux
linux@linux-virtual-machine:~$
```

三、注意事项

（1）使用cd命令时，确保输入正确的目录路径，否则可能导致切换失败。

（2）理解绝对路径和相对路径的区别，以正确切换到目标目录。

（3）在使用ls命令时，可以通过不同的选项（例如-1）来获取更详细的目录内容信息。

（4）理解当前工作目录的概念，它指的是你当前所处的目录位置。

实训四 文件和目录的权限设置

一、实训目标

学习使用命令行界面在Ubuntu系统中进行文件和目录操作。

二、实训步骤

1.查看文件和目录权限 使用以下命令查看文件和目录的详细信息，包括权限和所有者：

```
linux@linux-virtual-machine:~$ ls -l
total 40
drwxr-xr-x 2 linux linux 4096 Jun 10 23:18 Desktop
drwxr-xr-x 2 linux linux 4096 Jun 10 23:18 Documents
drwxr-xr-x 2 linux linux 4096 Jun 10 23:18 Downloads
drwxr-xr-x 2 linux linux 4096 Jun 10 23:18 Music
drwxr-xr-x 2 linux linux 4096 Jun 10 23:18 Pictures
drwxr-xr-x 2 linux linux 4096 Jun 10 23:18 Public
drwx------ 3 linux linux 4096 Jun 10 23:18 snap
drwxr-xr-x 2 linux linux 4096 Jun 10 23:18 Templates
drwxrwxr-x 3 linux linux 4096 Jun 11 10:18 test
drwxr-xr-x 2 linux linux 4096 Jun 10 23:18 Videos
linux@linux-virtual-machine:~$
```

使用以下命令显示隐藏文件和目录：

```
linux@linux-virtual-machine:~$ ls -a
.              .bashrc   Documents  Pictures  .sudo_as_admin_successful
..             .cache    Downloads  .profile  Templates
.bash_history  .config   .local     Public    test
.bash_logout   Desktop   Music      snap      Videos
linux@linux-virtual-machine:~$
```

使用以下命令列出文件或目录的权限信息：

```
linux@linux-virtual-machine:~$ ls -l file.txt
-rw-rw-r-- 1 linux linux 0 Jun 11 11:06 file.txt
linux@linux-virtual-machine:~$
```

2.修改文件和目录权限 使用以下命令修改文件或目录的权限：

chmod permissions file.txt

其中，permissions表示所需的权限设置，可以使用数字或符号两种方式。例如，将文件file.txt的权限设置为可读、可写和可执行：

```
linux@linux-virtual-machine:~$ chmod 777 file.txt
linux@linux-virtual-machine:~$ ls -l file.txt
-rwxrwxrwx 1 linux linux 0 Jun 11 11:06 file.txt
linux@linux-virtual-machine:~$
```

3.修改文件和目录所有权 使用以下命令修改文件或目录的所有权：

chown user：group file.txt

其中，user表示新的所有者用户名，group表示新的所属用户组。例如，将文件file.txt的所有者修改为user1，所属用户组修改为group1：

```
chown user1:group1 file.txt
```

4.修改目录所有权（包括子目录和文件） 使用以下命令递归地修改目录及其所有子目录和文件的所有权：

chown –R user：group directory

其中，user表示新的所有者用户名，group表示新的所属用户组，directory表示目标目录的路径。例如，将目录mydir及其内部所有子目录和文件的所有者修改为user1，所属用户组修改为group1：

```
chown -R user1:group1 mydir
```

三、注意事项

（1）在进行权限和所有权的修改操作时，请确保你具有足够的权限。
（2）理解文件和目录权限的表示方式（例如，rwx）以及数字权限的含义。
（3）确保在修改所有权时指定正确的用户名和用户组。
（4）注意使用递归选项（–R）来同时修改目录、子目录和文件的所有权。

实训五　文件和目录的复制与移动

一、实训目标

（1）学会使用cp命令复制文件和目录。
（2）掌握使用mv命令移动文件和目录的方法。

二、实训步骤

1.文件和目录的复制 使用以下命令将文件复制到指定位置（例如，test文件夹）：

```
linux@linux-virtual-machine:~$ cp my_file.txt ./test
linux@linux-virtual-machine:~$
```

使用以下命令将目录复制到指定位置（例如，test文件夹）：

```
linux@linux-virtual-machine:~$ cp -r my_directory ./test
linux@linux-virtual-machine:~$
```

请替换"test文件夹"为实际的目标路径。

2.文件和目录的移动 使用以下命令将文件移动到指定位置（例如，test文件夹）：

```
linux@linux-virtual-machine:~$ mv my_file.txt ./test
linux@linux-virtual-machine:~$
```

使用以下命令将目录移动到指定位置（例如，test文件夹）：

```
linux@linux-virtual-machine:~$ mv my_directory ./test
linux@linux-virtual-machine:~$
```

请替换"test文件夹"为实际的目标路径。

三、注意事项

（1）在进行复制和移动操作时，请确保你具有足够的权限。

（2）注意在复制目录时使用递归选项（−r），以及在目标位置中添加斜杠（/）表示目录。

（3）移动操作实际上是对文件或目录进行重命名和移动操作，所以可以将其用作重命名文件或目录的方式。

实训六 文件和目录的删除与恢复

一、实训目标

（1）学会使用rm命令删除文件和目录。

（2）了解使用恢复工具恢复误删文件和目录的方法。

二、实训步骤

1.文件和目录的删除 使用以下命令删除文件：

```
linux@linux-virtual-machine:~$ rm my_file.txt
linux@linux-virtual-machine:~$
```

使用以下命令删除目录及其内容：

```
linux@linux-virtual-machine:~$ rm -r my_directory
linux@linux-virtual-machine:~$
```

请注意，删除目录时需要添加递归选项（−r）以确保删除目录及其内容。

2.恢复误删的文件和目录 如果意外地删除了文件或目录，可以尝试使用恢复工具来恢复它们。在Ubuntu系统中，有一些工具可用于文件恢复，例如extundelete和testdisk。

可以通过以下命令安装extundelete工具：

sudo apt−get install extundelete

安装完成后，可以使用该工具来尝试恢复误删的文件。例如，恢复目录mydir中的文件file.txt：

sudo extundelete /dev/sdaX --restore-file mydir/file.txt

其中，/dev/sdaX表示文件所在的设备，需要替换为实际的设备路径。恢复成功后，文件将被还原到指定的目录中。

三、注意事项

（1）在使用rm命令删除文件和目录时，请谨慎操作，因为被删除的文件和目录将无法恢复。

（2）在删除目录时，需要添加递归选项（-r）以确保删除目录及其内容。

（3）使用恢复工具时，恢复成功的概率取决于文件系统的状态以及是否有其他写操作发生。

实训七　文件搜索和查找

一、实训目标

学会使用find命令进行文件搜索；使用grep命令进行文本查找。

二、实训步骤

1.使用find命令进行文件搜索　使用以下命令搜索：

find directory_path -name file_pattern

其中，directory_path表示要搜索的目录路径，file_pattern表示要匹配的文件名模式。例如，搜索当前目录下所有以.txt为后缀的文件：

```
linux@linux-virtual-machine:~$ find . -name "*.txt"
./.cache/tracker3/files/first-index.txt
./.cache/tracker3/files/last-crawl.txt
./file.txt
./my_file.txt
./test/my_file.txt
```

这将在当前目录及其子目录中查找所有以.txt为后缀的文件。

2.使用grep命令进行文本查找　使用以下命令查找：

grep search_pattern file_name

其中，search_pattern表示要搜索的文本模式，file_name表示要在其中进行搜索的文件名。例如，在文件file.txt中查找包含关键字example的行：

```
linux@linux-virtual-machine:~$ grep "example" file.txt
example1
example2
example3
```

这将输出包含关键字example的所有行。

三、注意事项

（1）使用find命令进行文件搜索时，请确保提供正确的目录路径和文件名模式，以获得准确的搜索结果。

（2）使用grep命令进行文本查找时，可以使用不同的选项和正则表达式来实现更复杂的搜索。

实训八　文件内容的查看与编辑

一、实训目标

学会使用cat和less命令查看文件内容；使用vim或nano编辑器编辑文件。

二、实训步骤

1.使用cat命令查看文件内容　使用以下命令查看文件的全部内容：

```
linux@linux-virtual-machine:~$ cat file.txt
example1
example2
example3
linux@linux-virtual-machine:~$
```

这将在终端中显示文件的全部内容。

2.使用less命令按页查看文件内容　使用以下命令按页查看文件内容：

```
linux@linux-virtual-machine:~$ less file.txt
```

使用less命令可以通过按键进行页面滚动，方便查看大型文件。

3.使用vim编辑器编辑文件　使用以下命令打开文件进行编辑：

```
linux@linux-virtual-machine:~$ vim file.txt
```

这将打开vim编辑器界面，在其中可以进行文本编辑、插入、删除、保存等操作。

4.使用nano编辑器编辑文件　使用以下命令打开文件进行编辑：

```
linux@linux-virtual-machine:~$ nano file.txt
```

这将打开nano编辑器界面，在其中可以进行文本编辑、插入、删除、保存等操作。

三、注意事项

（1）在使用cat命令和less命令查看文件内容时，可以使用分页进行浏览，便于查看大文件。

（2）使用vim和nano编辑器时，请确保了解基本的编辑命令和操作方法，以避免意外修改或损坏文件内容。

实训九　文件和目录的压缩与解压缩

一、实训目标

学会使用tar命令创建、提取tar压缩文件；使用zip和unzip命令创建、提取zip压缩文件。

二、实训步骤

1.创建tar压缩文件　使用以下命令创建压缩文件：

tar −cvf archive.tar file1 file2 directory1

其中，archive.tar为要创建的压缩文件的名称，file1、file2和directory1为要压缩的文件和目录的名称。例如，创建名为archive.tar的压缩文件，并将file1、file2压缩到其中：

```
linux@linux-virtual-machine:~$ tar -cvf archive.tar file1 file2
file1/
file2/
linux@linux-virtual-machine:~$ ls
archive.tar  Downloads  file.txt      my_file.txt  snap        Videos
Desktop      file1      Music         Pictures     Templates
Documents    file2      my_directory  Public       test
linux@linux-virtual-machine:~$
```

这将在当前目录下创建一个名为archive.tar的压缩文件。

2.提取tar压缩文件　使用以下命令提取压缩文件的内容：

tar −xvf archive.tar

其中，archive.tar为要提取的压缩文件的名称。例如，提取名为archive.tar的压缩文件的内容：

```
linux@linux-virtual-machine:~$ tar -xvf archive.tar
file1/
file2/
```

这将在当前目录下解压缩archive.tar文件中的内容。

3.创建zip压缩文件　使用以下命令创建压缩文件：

zip archive.zip file1 file2 directory1

其中，archive.zip为要创建的压缩文件的名称，file1、file2和directory1为要压缩的文件和目录的名称。例如，创建名为archive.zip的压缩文件，并将file1、file2压缩到其中：

```
linux@linux-virtual-machine:~$ zip archive.zip file1 file2
  adding: file1/ (stored 0%)
  adding: file2/ (stored 0%)
linux@linux-virtual-machine:~$ ls
archive.tar   Documents   file2        my_directory  Public      test
archive.zip   Downloads   file.txt     my_file.txt   snap        Videos
Desktop       file1       Music        Pictures      Templates
```

这将在当前目录下创建一个名为archive.zip的压缩文件。

4.提取zip压缩文件　使用以下命令提取压缩文件的内容：

```
linux@linux-virtual-machine:~$ unzip archive.zip
Archive:  archive.zip
linux@linux-virtual-machine:~$
```

这将在当前目录下解压缩archive.zip文件中的内容。

三、注意事项

（1）创建压缩文件时，请确保指定正确的文件和目录名称，以免遗漏文件或目录。
（2）解压缩文件时，请确保提供正确的压缩文件名称，并注意解压后文件的存放位置。

实训十　文件和目录的备份与恢复

一、实训目标

（1）理解文件和目录备份的重要性。
（2）学会使用常见的备份工具进行文件和目录备份。
（3）掌握文件和目录恢复的实训步骤。

二、实训步骤

1.文件备份
（1）使用cp命令进行简单文件备份。

例如，将my_file.txt备份到copy_file.txt：

```
linux@linux-virtual-machine:~$ cp my_file.txt copy_file.txt
linux@linux-virtual-machine:~$ ls
archive.tar    Documents   file.bak     my_file.txt   Templates   test2.gz
archive.zip    Downloads   file.txt     Pictures      test        Videos
copy_file.txt  file        Music        Public        test1
Desktop        file2       my_directory snap          test2
```

（2）使用cp命令进行目录备份。

```
linux@linux-virtual-machine:~$ cp -r ./file ./copyfile
linux@linux-virtual-machine:~$ ls
archive.tar   Desktop     file2        my_directory  snap
archive.zip   Documents   file.bak     my_file.txt   Templates
copyfile      Downloads   file.txt     Pictures      test2.gz
copy_file.txt file        Music        Public        Videos
```

2.文件和目录恢复　恢复单个文件，使用cp命令将备份文件拷贝到目标位置。例如，将./file.bak恢复到./file.bak：

```
linux@linux-virtual-machine:~$ cp ./file.bak ./file.txt
linux@linux-virtual-machine:~$
```

三、注意事项

（1）在恢复文件和目录时，确保备份文件有效且正确。

（2）谨慎操作，避免误删除或覆盖原有文件。

（3）在恢复前，确保目标位置具备足够的空间。

（4）定期检查备份文件的完整性和可用性，确保备份的可靠性。

实训十一　磁盘分区和格式化

一、实训目标

（1）理解磁盘分区的概念和重要性。

（2）学会使用fdisk或parted工具进行磁盘分区。

（3）掌握使用mkfs命令对分区进行格式化的方法。

二、实训步骤

1.查看磁盘信息　在终端中输入以下命令来查看系统中的磁盘列表：

```
linux@linux-virtual-machine:~$ sudo fdisk -l
[sudo] password for linux:
```

根据输出的信息，确定要进行分区和格式化的目标磁盘。

2.分区磁盘　使用fdisk工具或parted工具来对目标磁盘进行分区。

（1）使用fdisk工具。在终端中输入以下命令，然后按照提示操作来分区磁盘：

```
linux@linux-virtual-machine:~$ sudo fdisk /dev/sdX
```

其中，sdX是目标磁盘的设备名，例如sda、sdb等。

（2）使用parted工具。在终端中输入以下命令，然后按照提示操作来分区磁盘：

```
linux@linux-virtual-machine:~$ sudo parted /dev/sdX
```

其中，sdX是目标磁盘的设备名，例如sda、sdb等。

3.格式化分区　一旦完成了磁盘分区，就可以使用mkfs命令来对每个分区进行格式化。

在终端中输入以下命令来格式化分区：

sudo mkfs –t 文件系统类型 /dev/sdXY

其中，文件系统类型是要使用的文件系统类型，例如ext4、ntfs等；sdXY是要格式化的分区设备名，例如sda1、sdb2等。

```
linux@linux-virtual-machine:~$ sudo mkfs -t ext4 /dev/sdb1
```

请确保在格式化分区之前，已经正确确定目标分区，以免意外格式化了错误的分区。

三、注意事项

（1）在进行磁盘分区和格式化操作时，务必谨慎操作，避免误操作导致数据丢失。

（2）了解磁盘分区和格式化的基本原理，以便正确进行操作。

（3）在分区和格式化之前，务必备份重要数据，以防意外发生。

实训十二　磁盘挂载和卸载

一、实训目标

（1）理解磁盘挂载和卸载的概念与作用；修改/etc/fstab文件的方法，实现分区的自动挂载。

（2）学会使用挂载命令将硬盘分区挂载到指定的挂载点。

（3）掌握使用卸载命令将挂载分区安全卸载的方法。

二、实训步骤

1.创建挂载点　在终端中输入以下命令来创建一个用于挂载分区的目录：

```
linux@linux-virtual-machine:~$ sudo mkdir ./file/mydisk
linux@linux-virtual-machine:~$
```

这将在/file目录下创建一个名为"mydisk"的目录作为挂载点。

2.挂载分区　使用mount命令将磁盘分区挂载到指定的挂载点。

在终端中输入以下命令来挂载分区：

```
linux@linux-virtual-machine:~$ sudo mount /dev/sdXY /file/mydisk
```

其中，sdXY是要挂载的分区设备名，例如sda1、sdb2等。

3.验证挂载　输入以下命令来查看挂载的分区：

```
linux@linux-virtual-machine:~$ df -h
```

如果成功挂载，你将看到已挂载的分区及其相关信息。

4. 卸载分区　在卸载分区之前，确保不再需要访问该分区的文件。

使用 umount 命令将分区安全卸载：

```
linux@linux-virtual-machine:~$ sudo umount ./file/mydisk
```

5. 自动挂载　若要实现系统启动时自动挂载分区，可以修改 /etc/fstab 文件。

打开 /etc/fstab 文件并在末尾添加以下行（假设挂载点为 /filet/mydisk）：

```
linux@linux-virtual-machine:~$ /dev/sdXY ./file/mydisk ext4 defaults 0 0
```

保存并关闭文件。

在修改了 /etc/fstab 文件后，重新启动系统以使更改生效。

三、注意事项

（1）在进行磁盘挂载和卸载操作时，务必谨慎操作，确保挂载点和卸载点的正确性。

（2）确保已经正确分区并格式化磁盘分区，以便进行挂载操作。

（3）在修改 /etc/fstab 文件之前，务必备份该文件，以防止配置错误导致系统启动问题。

实训十三　磁盘使用情况的查看与管理

一、实训目标

（1）学会使用 df 命令查看磁盘空间使用情况。

（2）掌握 du 命令以及常用选项来查看文件和目录磁盘占用情况的方法。

（3）理解如何清理不需要的文件以释放磁盘空间。

二、实训步骤

1. 查看磁盘空间使用情况　使用 df 命令可以查看系统中各个文件系统的磁盘空间使用情况。

在终端中输入以下命令：

```
linux@linux-virtual-machine:~$ df -h
Filesystem      Size  Used Avail Use% Mounted on
tmpfs           389M  2.0M  387M   1% /run
/dev/sda3        39G   14G   24G  37% /
tmpfs           1.9G     0  1.9G   0% /dev/shm
tmpfs           5.0M  4.0K  5.0M   1% /run/lock
/dev/sda2       512M  6.1M  506M   2% /boot/efi
tmpfs           389M  112K  389M   1% /run/user/1000
/dev/sr0        4.6G  4.6G     0 100% /media/linux/Ubuntu 22.04.2 LTS amd64
linux@linux-virtual-machine:~$
```

这将显示每个文件系统的总空间、已使用空间、可用空间以及挂载点等信息。

2.查看文件和目录的磁盘占用情况   使用du命令可以查看文件和目录的磁盘占用情况。

在终端中输入以下命令来查看当前目录的磁盘占用情况：

```
linux@linux-virtual-machine:~$ du -h
4.0K    ./.cache/tracker3/files/errors
25M     ./.cache/tracker3/files
25M     ./.cache/tracker3
```

如果要查看特定目录或文件的磁盘占用情况，可以指定相应的路径参数，例如：

```
linux@linux-virtual-machine:~$ du -h /path/to/directory
```

三、注意事项

（1）谨慎操作，避免误删重要文件。

（2）当磁盘空间不足时，优先清理占用较大的文件或目录。

（3）在清理不需要的文件之前，确保你了解这些文件不再需要，并且没有重要数据。

实训十四 用户账户管理

一、实训目标

（1）理解用户账户管理的重要性和基本概念。

（2）学会创建、删除和修改用户账户。

（3）掌握用户切换和管理用户属性的方法。

二、实训步骤

1.创建用户账户   使用以下命令创建新用户账户：

sudo adduser username

例如，创建名为test的新用户账（密码linux）

```
linux@linux-virtual-machine:~$ sudo adduser test
Adding user `test' ...
Adding new group `test' (1001) ...
Adding new user `test' (1001) with group `test' ...
The home directory `/home/test' already exists.  Not copying from `/etc/skel'.
New password:
BAD PASSWORD: The password contains the user name in some form
Retype new password:
passwd: password updated successfully
Changing the user information for test
Enter the new value, or press ENTER for the default
        Full Name []: test
        Room Number []: test
        Work Phone []: test
        Home Phone []: test
        Other []: no
Is the information correct? [Y/n] y
```

在创建过程中，需要设置新用户的密码和其他信息。按照提示完成设置。

2.删除用户账户　使用以下命令删除现有用户账户：

sudo deluser username

其中，username是要删除的用户账户的用户名。例如，删除名为test的用户账户：

```
linux@linux-virtual-machine: $ sudo deluser test
Removing user `test' ...
Warning: group `test' has no more members.
Done.
```

在确认删除用户账户时，系统会提示你选择是否删除用户的主目录和邮箱。根据需要进行选择。

3.修改用户账户　使用以下命令修改用户密码：

sudo usermod –<选项> username

其中，<选项>是要修改的属性选项，username是要修改的用户名。

示例：修改用户test的用户名为jdoe：

```
linux@linux-virtual-machine: $ sudo usermod -l jdoe test
```

4.切换用户身份　使用以下命令切换到其他用户账户身份：

su – username

其中，username是要切换到的用户名。例如，切换到用户jdoe的身份：

```
linux@linux-virtual-machine: $ su - jdoe
Password:
jdoe@linux-virtual-machine: $ █
```

输入目标用户的密码以验证身份。

5.用户密码管理　使用以下命令更改用户密码：

sudo passwd username

其中，username是要更改密码的用户名。例如，更改用户jdoe的密码：

```
linux@linux-virtual-machine: $ sudo passwd jdoe
New password:
```

根据提示，输入新密码并确认。

请记住，在进行用户账户管理操作时，要谨慎处理，并确保操作的准确性。

此外，遵守安全最佳实践原则，例如使用强密码策略和限制用户的权限，以确保系统的安全性和稳定性。

三、注意事项

（1）在进行用户账户管理操作时，务必谨慎操作，避免误删除或损坏账户。

（2）确保掌握每个用户账户的密码，并确保密码的安全性。

（3）根据实际需求，合理规划和管理用户账户，避免过多或不必要的账户。

实训十五 用户和组权限设置

一、实训目标

（1）理解用户和组权限的概念和重要性。

（2）学会修改文件和目录的权限和所有权。

（3）掌握用户和组权限设置的方法。

二、实训步骤

1. 查看文件和目录的权限和所有权 使用以下命令查看文件和目录的权限和所有权：

ls -l path/to/file

其中，path/to/file是要查看的文件或目录的路径。例如，查看文件/home/file.txt的权限和所有权：

```
linux@linux-virtual-machine:~$ ls -l ./file.txt
-rwxrwxr-x 1 linux linux 27 Jun 11 13:09 ./file.txt
```

结果将显示文件或目录的权限、所有者、所属组以及其他相关信息。

2. 修改文件和目录的权限 使用以下命令修改文件和目录的权限：

chmod <权限模式> path/to/file

其中，<权限模式>是要设置的权限模式，path/to/file是要修改权限的文件或目录的路径。

权限模式可以使用数字形式（例如，777）或符号形式（例如，rwxrwxrwx）。

示例：将文件/home/file.txt的权限设置为rw-r--r--：

```
linux@linux-virtual-machine:~$ ls -l ./file.txt
-rwxrwxr-x 1 linux linux 27 Jun 11 13:09 ./file.txt
linux@linux-virtual-machine:~$ chmod 644 ./file.txt
linux@linux-virtual-machine:~$ ls -l ./file.txt
-rw-r--r-- 1 linux linux 27 Jun 11 13:09 ./file.txt
```

3. 修改文件和目录的所有权 使用以下命令修改文件和目录的所有权：

sudo chown <所有者>：<组> path/to/file

其中，<所有者>是要设置的所有者，<组>是要设置的所属组，path/to/file是要修改所有权的文件或目录的路径。

示例：将文件/home/file.txt的所有者设置为jdoe，所属组设置为users：

```
linux@linux-virtual-machine:~$ sudo chown jdoe:users ./file.txt
linux@linux-virtual-machine:~$ ls -l ./file.txt
-rw-r--r-- 1 jdoe users 27 Jun 11 13:09 ./file.txt
```

4. 创建和管理用户组 使用以下命令创建新的用户组：

sudo groupadd groupname

其中，groupname是要创建的用户组名称。例如，创建名为developers的用户组：

```
linux@linux-virtual-machine:~$ sudo groupadd developers
```

使用以下命令将用户添加到用户组：

sudo usermod –aG groupname username

其中，groupname是用户组名称，username是要添加到用户组的用户名。

示例：将用户jdoe添加到用户组developers：

```
linux@linux-virtual-machine:~$ sudo usermod -aG developers jdoe
```

三、注意事项

（1）在进行用户和组权限设置操作时，需要具备管理员权限。

（2）在修改文件和目录权限时，务必谨慎操作，避免误操作导致数据丢失或系统不稳定。

（3）理解不同权限对于文件和目录的意义，避免授予不必要的权限。

实训十六　系统服务管理

一、实训目标

（1）了解系统服务的概念和作用。

（2）掌握查看和管理系统服务的方法；配置服务开机自启动的方法。

（3）学会启动、停止和重启服务。

二、实训步骤

1.查看系统服务　使用以下命令查看当前正在运行的系统服务：

```
linux@linux-virtual-machine:~$ systemctl list-units --type=service
UNIT                         LOAD   ACTIVE SUB     D>
accounts-daemon.service      loaded active running A>
acpid.service                loaded active running A>
alsa-restore.service         loaded active exited  S>
apparmor.service             loaded active exited  L>
apport.service               loaded active exited  L>
avahi-daemon.service         loaded active running A>
colord.service               loaded active running M>
console-setup.service        loaded active exited  S>
cron.service                 loaded active running R>
cups-browsed.service         loaded active running M>
cups.service                 loaded active running C>
dbus.service                 loaded active running D>
gdm.service                  loaded active running G>
irqbalance.service           loaded active running i>
kerneloops.service           loaded active running T>
keyboard-setup.service       loaded active exited  S>
kmod-static-nodes.service    loaded active exited  C>
```

结果将显示正在运行的服务列表，包括服务名称、状态和描述信息。

2.启动、停止和重启服务　使用以下命令来启动、停止和重启服务。

（1）启动服务。

sudo systemctl start service_name

（2）停止服务。

sudo systemctl stop service_name

（3）重启服务。

sudo systemctl restart service_name

在上述命令中，service_name是要启动、停止或重启的服务的名称。

示例：启动Apache Web服务器服务：

```
linux@linux-virtual-machine:~$ sudo systemctl start apache2
```

请确认启动的服务是已经安装好的。配置服务开机自启动。

```
linux@linux-virtual-machine:~$ sudo apt install apache2
Reading package lists... Done
Building dependency tree... Done
Reading state information... Done
apache2 is already the newest version (2.4.52-1ubuntu4.5).
0 upgraded, 0 newly installed, 0 to remove and 93 not upgraded.
```

3.配置服务开机自启动　使用以下命令来配置服务在系统启动时自动启动：

sudo systemctl enable service_name

示例：将Apache Web服务器配置为开机自启动：

```
linux@linux-virtual-machine:~$ sudo systemctl enable apache2
Synchronizing state of apache2.service with SysV service script with /lib/system
d/systemd-sysv-install.
Executing: /lib/systemd/systemd-sysv-install enable apache2
```

若要禁用服务在系统启动时自动启动，可以使用以下命令：

sudo systemctl disable service_name

示例：禁用Apache Web服务器的开机自启动：

```
linux@linux-virtual-machine:~$ sudo systemctl disable apache2
Synchronizing state of apache2.service with SysV service script with /lib/system
d/systemd-sysv-install.
Executing: /lib/systemd/systemd-sysv-install disable apache2
Removed /etc/systemd/system/multi-user.target.wants/apache2.service.
```

三、注意事项

（1）在进行系统服务管理操作时，需要具备管理员权限。

（2）理解每个服务的作用和重要性，避免禁用或停止关键服务导致系统不稳定。

（3）当对服务进行更改时，注意检查系统日志以查找任何错误或警告信息。

实训十七　网络配置和管理

一、实训目标

（1）理解网络配置的基本概念和作用。

（2）掌握在Ubuntu上配置网络接口的方法；进行网络连接测试的技巧。

（3）学会查看和修改网络配置文件。

二、实训步骤

1.查看网络接口　使用以下命令查看系统中的网络接口：

```
linux@linux-virtual-machine:~$ ip addr show
1: lo: <LOOPBACK,UP,LOWER_UP> mtu 65536 qdisc noqueue state UNKNOWN group defaul
t qlen 1000
    link/loopback 00:00:00:00:00:00 brd 00:00:00:00:00:00
    inet 127.0.0.1/8 scope host lo
       valid_lft forever preferred_lft forever
    inet6 ::1/128 scope host
       valid_lft forever preferred_lft forever
2: ens33: <BROADCAST,MULTICAST,UP,LOWER_UP> mtu 1500 qdisc fq_codel state UP gro
up default qlen 1000
    link/ether 00:0c:29:0d:84:fb brd ff:ff:ff:ff:ff:ff
    altname enp2s1
    inet 192.168.57.129/24 brd 192.168.57.255 scope global dynamic noprefixroute
 ens33
       valid_lft 1048sec preferred_lft 1048sec
    inet6 fe80::44b7:9c1f:fff4:9e76/64 scope link noprefixroute
       valid_lft forever preferred_lft forever
```

结果将显示系统中所有的网络接口以及其配置信息，包括接口名称、MAC地址和IP地址等。

2.配置网络接口　使用以下命令来配置网络接口：

```
linux@linux-virtual-machine:~$ sudo nano /etc/network/interfaces
```

在打开的文件中，可以编辑网络接口的配置信息。根据需要，配置接口的IP地址、子网掩码、网关等参数。

示例：编辑eth0网络接口的配置信息：

auto eth0

iface eth0 inet static

address 192.168.0.100

netmask 255.255.255.0

gateway 192.168.0.1

保存文件并退出。

3.查看和修改网络配置文件　使用以下命令查看当前的网络配置文件：

```
linux@linux-virtual-machine:~$ sudo nano /etc/netplan/01-netcfg.yaml
```

在打开的文件中，可以查看和修改网络配置信息。根据需要，配置网络接口的IP地址、子网掩码、网关等参数。

示例：编辑网络配置文件，配置eth0网络接口的IP地址为静态IP：

```
network:
  version: 2
  renderer: networkd
  ethernets:
    eth0:
      dhcp4: no
      addresses: [192.168.0.100/24]
      gateway4: 192.168.0.1
```

保存文件并退出。

使用以下命令应用新的网络配置：

```
linux@linux-virtual-machine:~$ sudo netplan apply
```

4.进行网络连接测试

（1）使用ping命令测试与特定主机的连通性：

ping host

（2）使用nslookup命令解析特定域名：

nslookup domain

示例：使用ping命令测试与谷歌的连通性：

```
linux@linux-virtual-machine:~$ ping www.google.com
PING www.google.com (216.58.196.36) 56(84) bytes of data.
64 bytes from kul09s12-in-f4.1e100.net (216.58.196.36): icmp_seq=1 ttl=128 time=
8.79 ms
64 bytes from kul06s11-in-f36.1e100.net (216.58.196.36): icmp_seq=2 ttl=128 time
=8.31 ms
64 bytes from kul09s12-in-f4.1e100.net (216.58.196.36): icmp_seq=3 ttl=128 time=
8.10 ms
64 bytes from kul06s11-in-f36.1e100.net (216.58.196.36): icmp_seq=4 ttl=128 time
=14.4 ms
64 bytes from kul06s11-in-f36.1e100.net (216.58.196.36): icmp_seq=5 ttl=128 time
```

结果将显示与目标主机的连通状态或解析结果。

三、注意事项

（1）进行网络配置操作时，需要具备管理员权限。

（2）理解网络配置的影响范围，避免配置错误导致网络连接中断。

（3）在修改网络配置文件之前，建议备份原始文件，以防止意外发生。

实训十八　系统日志的查看与分析

一、实训目标

（1）理解系统日志的作用和重要性。

（2）学会查看和分析系统日志。

（3）掌握使用命令行工具过滤和搜索系统日志的方法；常见系统日志文件的位置和用途。

二、实训步骤

1.查看系统日志文件　使用以下命令查看系统日志文件的内容：

```
linux@linux-virtual-machine:~$ sudo cat /var/log/syslog
[sudo] password for linux:
```

结果将显示系统日志文件的内容，包括各种系统事件、错误和警告等信息。

```
Jun 13 12:03:59 linux-virtual-machine systemd[1064]: Starting GNOME Terminal Ser
ver...
Jun 13 12:03:59 linux-virtual-machine dbus-daemon[1089]: [session uid=1000 pid=1
089] Successfully activated service 'org.gnome.Terminal'
Jun 13 12:03:59 linux-virtual-machine systemd[1064]: Started GNOME Terminal Serv
er.
Jun 13 12:03:59 linux-virtual-machine systemd[1064]: Started VTE child process 4
078 launched by gnome-terminal-server process 4060.
linux@linux-virtual-machine:~$
```

2.过滤系统日志　使用以下命令过滤系统日志，只显示特定类型的日志信息：

将"keyword"替换为你要搜索的关键词，以过滤系统日志中包含该关键词的行。

```
linux@linux-virtual-machine:~$ sudo cat /var/log/syslog | grep "test"
Jun 10 23:18:42 linux-virtual-machine kernel: [    1.862793] alg: self-tests for
 CTR-KDF (hmac(sha256)) passed
Jun 10 23:18:42 linux-virtual-machine systemd-resolved[561]: Negative trust anch
ors: home.arpa 10.in-addr.arpa 16.172.in-addr.arpa 17.172.in-addr.arpa 18.172.in
-addr.arpa 19.172.in-addr.arpa 20.172.in-addr.arpa 21.172.in-addr.arpa 22.172.in
-addr.arpa 23.172.in-addr.arpa 24.172.in-addr.arpa 25.172.in-addr.arpa 26.172.in
-addr.arpa 27.172.in-addr.arpa 28.172.in-addr.arpa 29.172.in-addr.arpa 30.172.in
-addr.arpa 31.172.in-addr.arpa 168.192.in-addr.arpa d.f.ip6.arpa corp home inter
nal intranet lan local private test
Jun 10 23:18:42 linux-virtual-machine kernel: [    3.008692] scsi target32:0:0:
Domain Validation skipping write tests
Jun 11 04:09:50 linux-virtual-machine CRON[3238]: (root) CMD (test -e /run/syste
md/system || SERVICE_MODE=1 /usr/lib/x86_64-linux-gnu/e2fsprogs/e2scrub_all_cron
)
grep: (standard input): binary file matches
```

3.查看最近的系统日志　使用以下命令查看最近的系统日志信息：

```
linux@linux-virtual-machine:~$ sudo tail /var/log/syslog
Jun 13 12:00:47 linux-virtual-machine systemd[1064]: Started GNOME Terminal Serv
er.
Jun 13 12:00:47 linux-virtual-machine systemd[1064]: Started VTE child process 4
026 launched by gnome-terminal-server process 4008.
Jun 13 12:03:58 linux-virtual-machine systemd[1064]: gnome-terminal-server.servi
ce: Consumed 2.377s CPU time.
Jun 13 12:03:59 linux-virtual-machine systemd[1064]: Started Application launche
d by gnome-shell.
Jun 13 12:03:59 linux-virtual-machine dbus-daemon[1089]: [session uid=1000 pid=1
089] Activating via systemd: service name='org.gnome.Terminal' unit='gnome-termi
nal-server.service' requested by ':1.124' (uid=1000 pid=4055 comm="/usr/bin/gnom
e-terminal.real " label="unconfined")
Jun 13 12:03:59 linux-virtual-machine systemd[1064]: Starting GNOME Terminal Ser
ver...
Jun 13 12:03:59 linux-virtual-machine dbus-daemon[1089]: [session uid=1000 pid=1
089] Successfully activated service 'org.gnome.Terminal'
Jun 13 12:03:59 linux-virtual-machine systemd[1064]: Started GNOME Terminal Serv
er.
```

默认情况下，该命令将显示文件末尾的最后几行日志。可以使用选项–n来指定要显示的行数，例如：

```
linux@linux-virtual-machine:~$ sudo tail -n 5 /var/log/syslog
Jun 13 12:03:59 linux-virtual-machine systemd[1064]: Starting GNOME Terminal Ser
ver...
Jun 13 12:03:59 linux-virtual-machine dbus-daemon[1089]: [session uid=1000 pid=1
089] Successfully activated service 'org.gnome.Terminal'
Jun 13 12:03:59 linux-virtual-machine systemd[1064]: Started GNOME Terminal Serv
er.
Jun 13 12:03:59 linux-virtual-machine systemd[1064]: Started VTE child process 4
078 launched by gnome-terminal-server process 4060.
Jun 13 12:06:10 linux-virtual-machine NetworkManager[769]: <info>  [1686672370.2
879] dhcp4 (ens33): state changed new lease, address=192.168.57.129
linux@linux-virtual-machine:~$
```

上述命令将显示最后5行系统日志。

4. 搜索特定时间范围的系统日志 使用以下命令搜索特定时间范围内的系统日志信息：

sudo grep "keyword" /var/log/syslog | grep "YYYY-MM-DD"

将"keyword"替换为你要搜索的关键词，"YYYY-MM-DD"替换为你要搜索的日期。

```
linux@linux-virtual-machine:~$ sudo grep "test" /var/log/syslog | grep "2023-06-
14"
grep: /var/log/syslog: binary file matches
```

5. 查看其他系统日志文件 Ubuntu系统中还有其他重要的日志文件，例如auth.log（身份验证日志）、kern.log（内核日志）和dmesg（系统启动日志）等。

使用类似的命令来查看这些日志文件的内容，例如：

```
linux@linux-virtual-machine:~$ sudo cat /var/log/auth.log
```

根据需要查看和分析其他系统日志文件。

三、注意事项

（1）系统日志通常包含大量的信息，需注意过滤和搜索以获取所需内容。

（2）对于敏感信息和权限问题，需要使用管理员权限来查看和分析系统日志。

实训十九　软件包的安装与卸载

一、实训目标

（1）理解软件包的安装和卸载的重要性和作用。
（2）学会使用apt命令进行软件包的安装和卸载。
（3）掌握查询可用软件包和版本的方法。

二、实训步骤

1.查询可用软件包　打开终端，执行以下命令查询可用软件包：

apt search 软件包关键字

将"软件包关键字"替换为要查询的软件包的关键字。例如，要查询名为"编辑器"的软件包，可以执行以下命令：

```
linux@linux-virtual-machine:~$ apt search 编辑器
```

系统将显示与关键字匹配的可用软件包列表。

2.安装软件包　根据查询结果选择要安装的软件包，执行以下命令安装软件包：

Copy code

sudo apt install 软件包名称

将"软件包名称"替换为要安装的软件包的名称。例如，要安装Gedit文本编辑器，可以执行以下命令：

```
linux@linux-virtual-machine:~$ sudo apt install gedit
Reading package lists... Done
Building dependency tree... Done
Reading state information... Done
Suggested packages:
  gedit-plugins
The following NEW packages will be installed:
  gedit
0 upgraded, 1 newly installed, 0 to remove and 93 not upgraded.
Need to get 434 kB of archives.
After this operation, 1,827 kB of additional disk space will be used.
Get:1 http://us.archive.ubuntu.com/ubuntu jammy/main amd64 gedit amd64 41.0-3 [4
34 kB]
Fetched 434 kB in 2s (235 kB/s)
```

系统将下载并安装所选的软件包及其相关依赖。

3.卸载软件包　打开终端，执行以下命令卸载软件包：

sudo apt remove 软件包名称

将"软件包名称"替换为要卸载的软件包的名称。例如，要卸载Gedit文本编辑器，可以执行以下命令：

```
linux@linux-virtual-machine:~$ sudo apt remove gedit
Reading package lists... Done
Building dependency tree... Done
Reading state information... Done
The following packages were automatically installed and are no longer required:
  gir1.2-gtksource-4 python3-gi-cairo
Use 'sudo apt autoremove' to remove them.
The following packages will be REMOVED:
  gedit
0 upgraded, 0 newly installed, 1 to remove and 93 not upgraded.
After this operation, 1,827 kB disk space will be freed.
Do you want to continue? [Y/n] y
(Reading database ... 198610 files and directories currently installed.)
Removing gedit (41.0-3) ...
Processing triggers for gnome-menus (3.36.0-1ubuntu3) ...
Processing triggers for mailcap (3.70+nmu1ubuntu1) ...
Processing triggers for desktop-file-utils (0.26-1ubuntu3) ...
linux@linux-virtual-machine:~$
```

系统将卸载指定的软件包，但保留相关配置文件。

4.完全卸载软件包　　如果需要完全卸载软件包及其相关配置文件，执行以下命令：

sudo apt purge 软件包名称

将"软件包名称"替换为要完全卸载的软件包的名称。例如，要完全卸载Gedit文本编辑器，可以执行以下命令：

```
linux@linux-virtual-machine:~$ sudo apt purge gedit
Reading package lists... Done
Building dependency tree... Done
Reading state information... Done
Package 'gedit' is not installed, so not removed
The following packages were automatically installed and are no longer required:
  gir1.2-gtksource-4 python3-gi-cairo
Use 'sudo apt autoremove' to remove them.
0 upgraded, 0 newly installed, 0 to remove and 93 not upgraded.
```

系统将卸载指定的软件包及其相关配置文件。

三、注意事项

（1）在进行软件包的安装和卸载之前，建议先备份重要数据，以防意外发生。

（2）在安装和卸载软件包时，需要有可靠的网络连接。

实训二十　软件包的更新与升级

一、实训目标

（1）理解软件包更新和升级的概念和重要性。

（2）学会使用apt命令进行软件包的更新和升级。

（3）熟悉软件包管理的基本操作。

二、实训步骤

1.更新软件包列表　打开终端，使用以下命令更新软件包列表：

```
linux@linux-virtual-machine:~$ sudo apt update
Get:1 http://security.ubuntu.com/ubuntu jammy-security InRelease [110 kB]
Hit:2 http://us.archive.ubuntu.com/ubuntu jammy InRelease
Get:3 http://us.archive.ubuntu.com/ubuntu jammy-updates InRelease [119 kB]
Get:4 http://security.ubuntu.com/ubuntu jammy-security/main amd64 Packages [457
kB]
```

终端将连接到软件包源，更新可用的软件包列表。

2.进行软件包更新　使用以下命令执行软件包的更新：

```
linux@linux-virtual-machine:~$ sudo apt upgrade
Reading package lists... Done
Building dependency tree... Done
Reading state information... Done
Calculating upgrade... Done
The following packages have been kept back:
```

终端将列出需要更新的软件包，并提示是否继续进行更新。根据提示输入 Y 或 N 来确认或取消更新操作。

```
xserver-xorg-core xserver-xorg-legacy xxd
101 upgraded, 0 newly installed, 0 to remove and 4 not upgraded.
4 standard LTS security updates
Need to get 254 MB/298 MB of archives.
After this operation, 3,885 kB of additional disk space will be used.
Do you want to continue? [Y/n]
```

3.进行系统升级　如果系统有可用的发行版升级，可以使用以下命令进行系统升级：

```
linux@linux-virtual-machine:~$ sudo apt dist-upgrade
[sudo] password for linux:
Reading package lists... Done
Building dependency tree... Done
Reading state information... Done
Calculating upgrade... Done
The following packages have been kept back:
   fwupd gnome-shell-extension-ubuntu-dock libfwupd2 libfwupdplugin5
The following packages will be upgraded:
```

终端将列出需要升级的系统组件，并提示是否继续进行升级操作。根据提示输入 Y 或 N 来确认或取消升级操作。

```
101 upgraded, 0 newly installed, 0 to remove and 4 not upgraded.
4 standard LTS security updates
Need to get 254 MB/298 MB of archives.
After this operation, 3,885 kB of additional disk space will be used.
Do you want to continue? [Y/n]
```

4.清理不需要的软件包　使用以下命令清理不再需要的软件包：

```
linux@linux-virtual-machine:~$ sudo apt autoremove
Reading package lists... Done
Building dependency tree... Done
Reading state information... Done
```

终端将检查系统中不再需要的软件包，并提示是否继续进行清理操作。根据提示输入 Y 或 N 来确认或取消清理操作。

5.完成软件包更新和升级后，可以重新启动系统以更新应用

```
linux@linux-virtual-machine: $ sudo reboot
```

终端将重启系统，使更新的软件包生效。

三、注意事项

（1）在进行软件包更新和升级之前，建议先备份系统或重要数据，以防意外情况发生。
（2）确保系统已连接到可靠的网络，并且能够访问软件包源。

实训二十一　进程管理

一、实训目标

（1）理解进程的概念和基本操作。
（2）学会查看系统中运行的进程；终止不需要的进程；使用top命令监控进程活动。

二、实训步骤

1.查看运行中的进程　打开终端并输入以下命令：

```
linux@linux-virtual-machine:~$ ps
    PID TTY          TIME CMD
   5460 pts/1    00:00:00 bash
   5735 pts/1    00:00:00 ps
```

这将显示当前用户的所有进程。
若要显示系统中所有进程的详细信息，可以使用以下命令：

```
linux@linux-virtual-machine:~$ ps -ef
UID          PID    PPID  C STIME TTY          TIME CMD
root           1       0  0 11:06 ?        00:00:03 /sbin/init splash
root           2       0  0 11:06 ?        00:00:00 [kthreadd]
root           3       2  0 11:06 ?        00:00:00 [rcu_gp]
root           4       2  0 11:06 ?        00:00:00 [rcu_par_gp]
root           5       2  0 11:06 ?        00:00:00 [slub_flushwq]
```

2.终止不需要的进程　使用以下命令查找要终止的进程的进程ID（PID）：

```
linux@linux-virtual-machine:~$ ps
```

在输出中找到要终止的进程，并记下其PID。
使用以下命令终止进程（假设PID为1234）：

```
linux@linux-virtual-machine:~$ kill 1234
```

3.监控进程活动　打开终端并输入以下命令：

```
linux@linux-virtual-machine:~$ top
```

在 top 界面中，你将看到系统中所有运行的进程以及其相关信息，如进程 ID（PID）、CPU 使用率、内存使用量等。

按下键盘上的"q"键即可退出 top 命令行监视器。

三、注意事项

（1）在终止进程之前，确保自己了解该进程的作用和影响，以免造成系统或应用程序的异常行为。

（2）需要足够的权限才能终止其他用户的进程。

（3）top 命令会实时刷新进程信息，因此可以使用它来监视系统的性能和资源使用情况。

（4）若要结束 top 命令的运行，只需按下键盘上的"q"键即可。

（5）在使用 top 命令监控进程时，可以使用键盘上的其他快捷键来进行排序、筛选和查看不同的进程信息，可以通过按下键盘上的"？"键来获取更多快捷键的帮助信息。

第二部分　常用 Linux 命令介绍

一、文件管理

1.cat

【命令简介】

cat（英文全拼：concatenate）命令用于连接文件并打印到标准输出设备上。

使用权限：所有使用者。

【语法格式】

cat [–AbeEnstTuv][––help][––version]fileName

【参数说明】

- –n 或 ––number：由 1 开始对所有输出的行数编号。
- –b 或 ––number-nonblank：和 –n 相似，只不过对于空白行不编号。
- –s 或 ––squeeze-blank：当遇到有连续两行以上的空白行，就代换为一行的空白行。
- –v 或 ––show-nonprinting：使用 ˆ 和 M– 符号（除了 LFD 和 TAB）。
- –E 或 ––show-ends：在每行结束处显示 $。
- –T 或 ––show-tabs：将 TAB 字符显示为 ˆI。
- –A，––show-all：等价于 –vET。
- –e：等价于 "–vE" 选项。
- –t：等价于 "–vT" 选项。

【实例】

把 textfile1 的文档内容加上行号后输入 textfile2 这个文档里：

cat –n textfile1 > textfile2

把 textfile1 和 textfile2 的文档内容加上行号（空白行不加）之后将内容附加到 textfile3 文档里：

cat –b textfile1 textfile2 >> textfile3

清空 /etc/test.txt 文档内容：

cat /dev/null >/etc/test.txt

cat 也可以用来制作镜像文件。例如，要制作软盘的镜像文件，将软盘放好后输入：

cat /dev/fd0 > OUTFILE

相反地，如果想把 image file 写到软盘，应输入：

```
cat IMG_FILE > /dev/fd0
```

注意：OUTFILE指输出的镜像文件名；IMG_FILE指镜像文件；若从镜像文件写回device时，device容量需与相当；通常用于制作开机磁片。

2.chmod

【命令简介】

Linux chmod（英文全拼：change mode）命令用于控制用户对文件的权限。

Linux/Unix 的文件调用权限分为三级：文件所有者（owner）、用户组（group）、其他用户（other users）。只有文件所有者和超级用户可以修改文件或目录的权限。可以使用绝对模式（八进制数字模式），符号模式指定文件的权限。

使用权限：所有使用者。

【语法格式】

```
chmod[ –cfvR ][ ––help ][ ––version ]mode file...
```

【参数说明】

Mode：权限设定字串，格式如下：

```
[ ugoa... ][ [ +–= ][ rwxX ] ... ][ , ... ]
```

其中：

- u 表示该文件的拥有者，g 表示与该文件的拥有者属于同一个群体（group）者，o 表示其他以外的人，a 表示这三者皆是。

- + 表示增加权限，– 表示取消权限＝表示唯一设定权限。

- r 表示可读取，w 表示可写入，x 表示可执行，X表示只有当该文件是个子目录或者该文件已经被设定过为可执行。

其他参数说明：

- –c ：若该文件权限确实已经更改，才显示其更改动作。

- –f ：若该文件权限无法被更改也不要显示错误讯息。

- –v ：显示权限变更的详细资料。

- –R ：对目前目录下的所有文件与子目录进行相同的权限变更（以递归的方式逐个变更。

- ––help ：显示辅助说明。

- ––version ：显示版本。

【符号模式】

使用符号模式可以设置多个项目:who（用户类型）、operator（操作符）和 permission（权限），每个项目的设置可以用逗号隔开。命令 chmod 将修改 who 指定的用户类型对文件的访问权限，用户类型由一个或者多个字母在 who 的位置来说明。

who 的符号模式表：

who	用户类型	说明
u	user	文件所有者
g	group	文件所有者所在组
o	others	所有其他用户
a	all	所有用户，相当于 *ugo*

operator 的符号模式表：

operator	说明
+	为指定的用户类型增加权限
–	去除指定用户类型的权限
=	设置指定用户权限的设置，即将用户类型的所有权限重新设置

permission 的符号模式表：

模式	名字	说明
r	读	设置为可读权限
w	写	设置为可写权限
x	执行权限	设置为可执行权限
X	特殊执行权限	只有当文件为目录文件，或者其他类型的用户有可执行权限时，才能将文件权限设置可执行
s	setuid/gid	当文件被执行时，根据 who 参数指定的用户类型设置文件的 setuid 或者 setgid 权限
t	粘贴位	设置粘贴位，只有超级用户才可以设置该位，只有文件所有者 u 才可以使用该位

【八进制语法】

chmod 命令可以使用八进制数来指定权限。文件或目录的权限位由 9 个权限位来控制，每三位为一组，它们分别是文件所有者（user）的读、写、执行，用户组（group）的读、写、执行，以及其他用户（others）的读、写、执行。历史上，文件权限被放在一个比特掩码中，掩码中指定的比特位设为 1，用来说明一个类具有相应的优先级。

#	权限	rwx	二进制
7	读 + 写 + 执行	rwx	111
6	读 + 写	rw–	110
5	读 + 执行	r–x	101

#	权限	rwx	二进制
4	只读	r--	100
3	写 + 执行	-wx	011
2	只写	-w-	010
1	只执行	--x	001
0	无	---	000

例如，765 将这样解释：

• 所有者的权限用数字表达：属主的那三个权限位数字相加的总和。如 rwx ，也就是 4+2+1 ，应该是 7。

• 用户组的权限用数字表达：属组的那个权限位数字相加的总和。如 rw- ，也就是 4+2+0 ，应该是 6。

• 其他用户的权限用数字表达：其他用户权限位数字相加的总和。如 r-x ，也就是 4+0+1 ，应该是 5。

【实例】

将文件 file1.txt 设为所有人皆可读取：

```
chmod ugo+r file1.txt
```

将文件 file1.txt 设为所有人皆可读取：

```
chmod a+r file1.txt
```

将文件 file1.txt 与 file2.txt 设为该文件拥有者，与其所属同一个群体者可写入，但其他以外的人则不可写入：

```
chmod ug+w，o-w file1.txt file2.txt
```

为 ex1.py 文件拥有者增加可执行权限：

```
chmod u+x ex1.py
```

将目前目录下的所有文件与子目录皆设为任何人可读取：

```
chmod -R a+r *
```

此外，chmod 也可以用数字来表示权限，如：

```
chmod 777 file
```

语法为：

```
chmod abc file
```

其中a，b，c各为一个数字，分别表示user、group及others的权限。

r=4，w=2，x=1

• 若要 rwx 属性，则 4+2+1=7；

- 若要 rw- 属性，则 4+2=6；
- 若要 r-x 属性，则 4+1=5。

> chmod a=rwx file

和

> chmod 777 file

效果相同。

> chmod ug=rwx，o=x file

和

> chmod 771 file

效果相同。

若用 chmod 4755 filename，则可使此程序具有 root 的权限。

【更多说明】

命令	说明
chmod a+r *file*	给 file 的所有用户增加读权限
chmod a-x *file*	删除 file 的所有用户的执行权限
chmod a+rw *file*	给 file 的所有用户增加读、写权限
chmod +rwx *file*	给 file 的所有用户增加读、写、执行权限
chmod u=rw，go= *file*	对 file 的所有者设置读、写权限，清空该用户组和其他用户对 file 的所有权限（空格代表无权限）
chmod -R u+r，go-r *docs*	对目录 docs 和其子目录层次结构中的所有文件给用户增加读权限，而对用户组和其他用户删除读权限
chmod 664 *file*	对 file 的所有者和用户组设置读、写权限，为其他用户设置读权限
chmod 0755 *file*	相当于 u=rwx（4+2+1），go=rx（4+1 & 4+1）。0 没有特殊模式
chmod 4755 *file*	4 设置了设置用户 ID 位，剩下的相当于 u=rwx（4+2+1），go=rx（4+1 & 4+1）
find path/ -type d -exec chmod a-x {} \;	删除可执行权限对 path/ 及其所有目录（不包括文件）的所有用户，使用 '-type f' 匹配文件
find path/ -type d -exec chmod a+x {} \;	允许所有用户浏览或通过目录 path/

3.chown

【命令简介】

Linux chown（英文全拼：change owner）命令用于设置文件所有者和文件关联组。

Linux/Unix 是多人多工操作系统，所有的文件皆有拥有者。利用 chown 将指定文件的拥有者改为指定的用户或组，用户可以是用户名或者用户 ID，组可以是组名或者组 ID，文件是以空格分开的要改变权限的文件列表，支持通配符。

chown 需要超级用户 root 的权限才能执行此命令。

只有超级用户和属于组的文件所有者才能变更文件关联组。非超级用户如需要设置关联组，可能需要使用 chgrp 命令。

使用权限：root

【语法格式】

chown［–cfhvR］［––help］［––version］user［:group］file...

【参数说明】

- user：新文件拥有者的使用者 ID。
- group：新文件拥有者的使用者组（group）。
- –c：显示更改的部分信息。
- –f：忽略错误信息。
- –h：修复符号链接。
- –v：显示详细的处理信息。
- –R：处理指定目录及其子目录下的所有文件。
- ––help：显示辅助说明。
- ––version：显示版本。

【实例】

将 /var/run/httpd.pid 的所有者设为 root：

chown root /var/run/httpd.pid

将文件 file1.txt 的拥有者设为 runoob，群体的使用者为 runoobgroup：

chown runoob: runoobgroup file1.txt

将当前目录下的所有文件与子目录的拥有者皆设为 runoob，群体的使用者为 runoobgroup：

chown –R runoob: runoobgroup *

将 /home/runoob 的关联组设置为 512（关联组 ID），不改变所有者：

chown : 512 /home/runoob

4.find

【命令简介】

Linux find 命令用于在指定目录下查找文件和目录。它可以使用不同的选项来过滤和限制查找的结果。

【语法格式】

find［path］［expression］

【参数说明】

path 是要查找的目录路径，可以是一个目录或文件名，也可以是多个路径，多个路径之间用空格分隔，如果未指定路径，则默认为当前目录。

expression 是可选参数，用于指定查找的条件，可以是文件名、文件类型、文件大小等。

expression 中可使用的选项有二三十个，以下列出最常用的部分：

- –name pattern：按文件名查找，支持使用通配符*和?。
- –type type：按文件类型查找，可以是 f（普通文件）、d（目录）、l（符号链接）等。
- –size［+-］size［cwbkMG］：按文件大小查找，支持使用+或-，表示大于或小于指定大小，单位可以是 c（字节）、w（字数）、b（块数）、k（KB）、M（MB）或 G（GB）。
- –mtime days：按修改时间查找，支持使用+或-，表示在指定天数前或后，days 是一个整数，表示天数。
- –user username：按文件所有者查找。
- –group groupname：按文件所属组查找。

find 命令中用于时间的参数如下：

- –amin n：查找在 n 分钟内被访问过的文件。
- –atime n：查找在 n*24 小时内被访问过的文件。
- –cmin n：查找在 n 分钟内状态发生变化的文件（例如权限）。
- –ctime n：查找在 n*24 小时内状态发生变化的文件（例如权限）。
- –mmin n：查找在 n 分钟内被修改过的文件。
- –mtime n：查找在 n*24 小时内被修改过的文件。

在这些参数中，n 可以是一个正数、负数或零。正数表示在指定的时间内修改或访问过的文件，负数表示在指定的时间之前修改或访问过的文件，零表示在当前时间点上修改或访问过的文件。

例如：–mtime 0 表示查找今天修改过的文件，–mtime –7 表示查找一周以前修改过的文件。

关于时间 n 参数的说明：

- +n：查找比 n 天前更早的文件或目录。
- –n：查找在 n 天内更改过属性的文件或目录。

- n：查找在 n 天前（指定那一天）更改过属性的文件或目录。

【实例】

查找当前目录下名为 file.txt 的文件：

```
find . –name file.txt
```

将当前目录及其子目录下所有文件后缀为.c 的文件列出来：

```
# find . –name "*.c"
```

将当前目录及其子目录中的所有文件列出：

```
# find . –type f
```

查找 /home 目录下大于 1MB 的文件：

```
find /home –size +1M
```

查找 /var/log 目录下在 7 天前修改过的文件：

```
find /var/log –mtime +7
```

将当前目录及其子目录下所有最近 20 天前更新过的文件列出（不多不少正好 20 天前的）：

```
# find . –ctime   20
```

将当前目录及其子目录下所有 20 天前及更早更新过的文件列出：

```
# find . –ctime   +20
```

将当前目录及其子目录下所有最近 20 天内更新过的文件列出：

```
# find . –ctime   20
```

查找 /var/log 目录中更改时间在 7 天前的普通文件，并在删除之前询问它们：

```
# find /var/log –type f –mtime +7 –ok rm {} \;
```

查找当前目录中文件属主具有读、写权限，并且文件所属组的用户和其他用户具有读权限的文件：

```
# find . –type f –perm 644 –exec ls –l {} \;
```

查找系统中所有文件长度为 0 的普通文件，并列出它们的完整路径：

```
# find / –type f –size 0 –exec ls –l {} \;
```

5.less

【命令简介】

less 与 more 类似，less 可以随意浏览文件，支持翻页和搜索，支持向上翻页和向下翻页。

【语法格式】

```
less［参数］文件
```

【参数说明】

- –b＜缓冲区大小＞：设置缓冲区的大小。
- –e：当文件显示结束后自动离开。
- –f：强迫打开特殊文件，例如外围设备代号、目录和二进制文件。
- –g：只标志最后搜索的关键词。
- –i：忽略搜索时的大小写。
- –m：显示类似more命令的百分比。
- –N：显示每行的行号。
- –o＜文件名＞：将less输出的内容在指定文件中保存起来。
- –Q：不使用警告音。
- –s：显示连续空行为一行。
- –S：行过长时间将超出部分舍弃。
- –x＜数字＞：将tab键显示为规定的数字空格。
- /字符串：向下搜索"字符串"的功能。
- ?字符串：向上搜索"字符串"的功能。
- n：重复前一个搜索（与 / 或 ? 有关）。
- N：反向重复前一个搜索（与 / 或 ? 有关）。
- b：向上翻一页。
- d：向后翻半页。
- h：显示帮助界面。
- Q：退出less 命令。
- u：向前滚动半页。
- y：向前滚动一行。
- 空格键：滚动一页。
- 回车键：滚动一行。
- ［pagedown］：向下翻动一页。
- ［pageup］：向上翻动一页。

【实例】

查看文件：

```
less log2013.log
```

ps查看进程信息并通过less分页显示：

```
ps –ef | less
```

查看命令历史使用记录并通过less分页显示：

```
[ root@localhost test ] # history | less
22    scp -r tomcat6.0.32 root@192.168.120.203：/opt/soft
23    cd ..
24    scp -r web root@192.168.120.203：/opt/
25    cd soft
26    ls
……省略……
```

浏览多个文件：

```
less log2013.log log2014.log
```

说明：

输入：n 后，切换到 log2014.log

输入：p 后，切换到 log2013.log

【附加备注】

（1）全屏导航

- ctrl + F – 向前移动一屏。
- ctrl + B – 向后移动一屏。
- ctrl + D – 向前移动半屏。
- ctrl + U – 向后移动半屏。

（2）单行导航

- j – 下一行。
- k – 上一行。

（3）其他导航

- G – 移动到最后一行。
- g – 移动到第一行。
- q / ZZ – 退出 less 命令。

（4）其他有用的命令

- v – 使用配置的编辑器编辑当前文件。
- h – 显示 less 的帮助文档。
- &pattern – 仅显示匹配模式的行，而不是整个文件。

（5）标记导航

当使用 less 查看大文件时，可以在任何一个位置做标记，可以通过命令导航到标有特定标记的文本位置：

- ma – 使用 a 标记文本的当前位置。
- 'a – 导航到标记 a 处。

6.mv

【命令简介】

Linux mv（英文全拼：move file）命令用于为文件或目录改名，或将文件或目录移入其他位置。

【语法格式】

```
mv [ options ] source dest
mv [ options ] source... directory
```

【参数说明】

- –b：当目标文件或目录存在时，在执行覆盖前，会为其创建一个备份。
- –i：如果指定移动的源目录或文件与目标目录或文件同名，则会先询问是否覆盖旧文件，输入 y 表示直接覆盖，输入 n 表示取消该操作。
- –f：如果指定移动的源目录或文件与目标目录或文件同名，不会询问，直接覆盖旧文件。
- –n：不要覆盖任何已存在的文件或目录。
- –u：当源文件比目标文件新或者目标文件不存在时，才执行移动操作。

mv 参数设置与运行结果：

命令格式	运行结果
mv source_file（文件）dest_file（文件）	将源文件名 source_file 改为目标文件名 dest_file
mv source_file（文件）dest_directory（目录）	将文件 source_file 移动到目标目录 dest_directory 中
mv source_directory（目录）dest_directory（目录）	目录名 dest_directory 已存在，将 source_directory 移动到目录名 dest_directory 中；目录名 dest_directory 不存在，则 source_directory 改名为目录名 dest_directory
mv source_directory（目录）dest_file（文件）	出错

【实例】

将文件 aaa 改名为 bbb：

```
mv aaa bbb
```

将 info 目录放入 logs 目录中。注意，如果 logs 目录不存在，则该命令将 info 改名为 logs：

```
mv info/ logs
```

再如将 /usr/runoob 下的所有文件和目录移到当前目录下，命令行为：

```
$ mv /usr/runoob/*  .
```

7.rm

【命令简介】

Linux rm（英文全拼：remove）命令用于删除一个文件或者目录。

【语法格式】

rm［options］name...

【参数说明】

- –i：删除前逐一询问确认。
- –f：即使原档案属性设为唯读，也直接删除，无须逐一确认。
- –r：将目录及其以下档案也逐一删除。

【实例】

删除文件可以直接使用rm命令，若删除目录，则必须配合选项"–r"，例如：

```
# rm    test.txt
rm：是否删除 一般文件 "test.txt"? y
# rm    homework
rm：无法删除目录 "homework"：是一个目录
# rm   –r   homework
rm：是否删除 目录 "homework"? y
```

删除当前目录下的所有文件及目录，命令行为：

```
rm   –r   *
```

文件一旦通过rm命令删除，则无法恢复，所以必须格外小心地使用该命令。

8.touch

【命令简介】

Linux touch命令用于修改文件或者目录的时间属性，包括存取时间和更改时间。若文件不存在，系统会建立一个新的文件。

ls –l 可以显示档案的时间记录：

```
touch［–acfm］［–d<日期时间>］［–r<参考文件或目录>］［–t<日期时间>］［––
help］［––version］［文件或目录…］
```

【参数说明】

- a：改变档案的读取时间记录。
- m：改变档案的修改时间记录。
- c：假如目的档案不存在，不会建立新的档案。与 ––no-create 的效果一样。
- f：不使用，是为了与其他 unix 系统的相容性而保留。
- r：使用参考档的时间记录，与 ––file 的效果一样。
- d：设定时间与日期，可以使用各种不同的格式。
- t：设定档案的时间记录，格式与 date 指令相同。

- --no-create：不会建立新档案。
- --help：列出指令格式。
- --version：列出版本讯息。

【实例】

使用指令"touch"修改文件"testfile"的时间属性为当前系统时间，输入如下命令：

$ touch testfile   #修改文件的时间属性

首先，使用ls命令查看testfile文件的属性，如下所示：

$ ls –l testfile   #查看文件的时间属性 #原来文件的修改时间为16:09 –rw–r––r–– 1 hdd hdd 55 2011–08–22 16:09 testfile

执行指令"touch"修改文件属性以后，并再次查看该文件的时间属性，如下所示：

$ touch testfile   #修改文件时间属性为当前系统时间
$ ls –l testfile   #查看文件的时间属性
#修改后文件的时间属性为当前系统时间
–rw–r––r–– 1 hdd hdd 55 2011–08–22 19:53 testfile

使用指令"touch"时，如果指定的文件不存在，则将创建一个新的空白文件。例如，在当前目录下，使用该指令创建一个空白文件"file"，输入如下命令：

$ touch file   #创建一个名为"file"的新的空白文件

9.CP

【命令简介】

Linux cp（英文全拼：copy file）命令主要用于复制文件或目录。

【语法格式】

cp［ options ］source dest

或

cp［ options ］source... directory

【参数说明】

- –a：此选项通常在复制目录时使用，它保留链接、文件属性，并复制目录下的所有内容。其作用等于dpR参数组合。
- –d：复制时保留链接。这里所说的链接相当于 Windows 系统中的快捷方式。
- –f：覆盖已经存在的目标文件而不给出提示。
- –i：与–f选项相反，在覆盖目标文件之前给出提示，要求用户确认是否覆盖，回答y时目标文件将被覆盖。
- –p：除复制文件的内容外，把修改时间和访问权限也复制到新文件中。
- –r：若给出的源文件是一个目录文件，此时将复制该目录下所有的子目录和文件。

- –l：不复制文件，只是生成链接文件。

【实例】

使用指令 cp 将当前目录 test/ 下的所有文件复制到新目录 newtest 下，输入如下命令：

```
$ cp – r test/ newtest
```

注意：用户使用该指令复制目录时，必须使用参数 –r 或者 –R 。

10. read

【命令简介】

Linux read 命令用于从标准输入读取数值。

read 内部命令被用来从标准输入读取单行数据。这个命令可以用来读取键盘输入，当使用重定向的时候，可以读取文件中的一行数据。

【语法格式】

```
read [ –ers ] [ –a aname ] [ –d delim ] [ –i text ] [ –n nchars ] [ –N nchars ] [ –p prompt ] [ –t timeout ] [ –u fd ] [ name ... ]
```

【参数说明】

- –a：后跟一个变量，该变量会被认为是个数组，然后给其赋值，默认空格为分割符。
- –d：后面跟一个标志符，其实只有其后的第一个字符有用，作为结束的标志。
- –p：后面跟提示信息，即在输入前打印提示信息。
- –e：在输入的时候可以使用命令补全功能。
- –n：后面跟一个数字，定义输入文本的长度，很实用。
- –r：屏蔽\，如果没有该选项，则\作为一个转义字符，有的话 \就是个正常的字符了。
- –s：安静模式，在输入字符时不在屏幕上显示，例如 login 时输入密码。
- –t：后面跟秒数，定义输入字符的等待时间。
- –u：后面跟 fd，从文件描述符中读入，该文件描述符可以是 exec 新开启的。

【实例】

（1）简单读取

```
#!/bin/bash

#这里默认会换行
echo "输入网站名："
#读取从键盘的输入
read website
echo "你输入的网站名是 $website"
exit 0   #退出
```

测试结果为：

> 输入网站名：
> www.runoob.com
> 你输入的网站名是 www.runoob.com

（2）-p 参数，允许在 read 命令行中直接指定一个提示：

```
#!/bin/bash

read -p "输入网站名：" website
echo "你输入的网站名是 $website"
exit 0
```

测试结果为：

> 输入网站名：www.runoob.com
> 你输入的网站名是 www.runoob.com

（3）-t 参数指定 read 命令等待输入的秒数，当计时满时，read 命令返回到一个非零退出状态：

```
#!/bin/bash

if read -t 5 -p "输入网站名：" website
then
    echo "你输入的网站名是 $website"
else
    echo "\n抱歉，你输入超时了。"
fi
exit 0
```

执行程序不输入，等待 5 秒后：

> 输入网站名：
> 抱歉，你输入超时了

（4）除了输入时间计时，还可以使用 -n 参数设置 read 命令计数输入的字符。当输入的字符数目达到预定数目时，自动退出，并将输入的数据赋值给变量：

```
#!/bin/bash

read -n1 -p "Do you want to continue [ Y/N ] ?" answer
case $answer in
```

51

```
Y | y )
        echo "fine，continue";;
N | n )
        echo "ok, good bye";;
* )
        echo "error choice";;

esac
exit 0
```

该例子使用了 –n 选项，后接数值 1，指示 read 命令只要接受到一个字符就退出。只要按下一个字符进行回答，read 命令立即接受输入并将其传给变量，无须按回车键。

只接收两个输入就退出：

```
#!/bin/bash

read –n2 –p "请随便输入两个字符："any
echo "\n您输入的两个字符是：$any"
exit 0
```

执行程序输入两个字符：

```
请随便输入两个字符：12
您输入的两个字符是：12
```

（5）–s 选项能够使 read 命令中输入的数据不显示在命令终端上（实际上，数据是显示的，只是 read 命令将文本颜色设置成与背景相同的颜色）。输入密码常用这个选项：

```
#!/bin/bash

read   –s   –p "请输入您的密码："pass
echo "\n您输入的密码是 $pass"
exit 0
```

执行程序输入密码后是不显示的：

```
请输入您的密码：
您输入的密码是 runoob
```

（6）读取文件。每次调用 read 命令都会读取文件中的"一行"文本。当文件没有可读的行时，read 命令将以非零状态退出。

那么通过什么样的方法将文件中的数据传给 read 呢？使用 cat 命令并通过管道将结果直接传送给包含 read 命令的 while 命令。

测试文件 test.txt 内容如下：

```
123
456
runoob
```

测试代码：

```
#!/bin/bash

count=1        #赋值语句，不加空格
cat test.txt | while read line       # cat 命令的输出作为read命令的输入，read读到>
的值放在line中
do
    echo "Line $count：$line"
    count=$［ $count + 1 ］         #注意中括号中的空格。
done
echo "finish"
exit 0
```

执行结果为：

```
Line 1：123
Line 2：456
Line 3：runoob
finish
```

使用 -e 参数，以下实例输入字符 a 后按下 Tab 键就会输出相关文件名（该目录存在）：

```
$ read -e -p "输入文件名："str
输入文件名：a
a.out      a.py      a.pyc      abc.txt
输入文件名：a
```

二、文档编辑

1. ed

【命令简介】

Linux ed命令是文本编辑器，用于文本编辑。

ed是Linux中功能最简单的文本编辑程序，一次仅能编辑一行而非全屏幕方式的操作。

ed命令并不是一个常用的命令，一般使用比较多的是vi 指令。但ed文本编辑器对于编

辑大文件或对于在shell脚本程序中进行文本编辑很有用。

【语法格式】

ed［－］［－Gs］［－p<字符串>］［－－help］［－－version］［ 文件 ］

【参数说明】

- －G 或 －－traditional：提供回兼容的功能。
- －p<字符串>：指定 ed 在 command mode 的提示字符。
- －s，－，－－quiet 或 －－silent：不执行开启文件时的检查功能。
- －－help：显示帮助。
- －－version：显示版本信息。

【实例】

以下是一个 Linux ed 完整实例解析：

```
$ ed                    <- 激活 ed 命令
a                       <- 告诉 ed 我要编辑新文件
My name is Titan.       <- 输入第一行内容
And I love Perl very much. <- 输入第二行内容
.                       <- 返回 ed 的命令行状态
i                       <- 告诉 ed 我要在最后一行之前插入内容
I am 24.                <- 将"I am 24."插入"My name is Titan."和"And I love Perl very
much."之间
.                       <- 返回 ed 的命令行状态
c                       <- 告诉 ed 我要替换最后一行输入内容
I am 24 years old. <- 将"I am 24."替换成"I am 24 years old."（注意：这里替换的是
最后输的内容）
.                       <- 返回 ed 的命令行状态
w readme.text           <- 将文件命名为"readme.text"并保存（注意：如果是编辑已经
存在的文件，只需要敲入 w 即可）
q                       <- 完全退出 ed 编辑器
```

这是文件的内容是：

```
$ cat readme.text
My name is Titan.
I am 24 years old.
And I love Perl vrey much.
```

2.grep

【命令简介】

Linux grep（global regular expression）命令用于查找文件里符合条件的字符串或正则表达式。

grep 指令用于查找内容包含指定范本样式的文件，如果发现某文件的内容符合所指定的范本样式，预设 grep 指令会把含有范本样式的那一列显示出来。若不指定任何文件名称，或是所给予的文件名为–，则 grep 指令会从标准输入设备读取数据。

【语法格式】

> grep［options］pattern［files］
>
> 或
>
> grep［–abcEFGhHilLnqrsvVwxy］［–A<显示行数>］［–B<显示列数>］［–C<显示列数>］［–d<进行动作>］［–e<范本样式>］［–f<范本文件>］［--help］［范本样式］［文件或目录...］

- pattern – 表示要查找的字符串或正则表达式。
- files – 表示要查找的文件名，可以同时查找多个文件，如果省略 files 参数，则默认从标准输入中读取数据。

【常用选项】

- –i：忽略大小写进行匹配。
- –v：反向查找，只打印不匹配的行。
- –n：显示匹配行的行号。
- –r：递归查找子目录中的文件。
- –l：只打印匹配的文件名。
- –c：只打印匹配的行数。

【更多参数说明】

- –a 或 --text：不要忽略二进制的数据。
- –A<显示行数> 或 --after-context=<显示行数>：除了显示符合范本样式的那一列之外，也显示该行之后的内容。
- –b 或 --byte-offset：在显示符合样式的那一行之前，标示出该行第一个字符的编号。
- –B<显示行数> 或 --before-context=<显示行数>：除了显示符合样式的那一行之外，也显示该行之前的内容。
- –c 或 --count：计算符合样式的列数。
- –C<显示行数> 或 --context=<显示行数>或–<显示行数>：除了显示符合样式的那一行之外，也显示该行之前后的内容。
- –d <动作> 或 --directories=<动作>：当指定要查找的是目录而非文件时，必须使用这项参数，否则grep指令将回报信息并停止动作。

- – e<范本样式> 或 --regexp=<范本样式>：指定字符串作为查找文件内容的样式。
- – E 或 --extended-regexp：将样式视为延伸的正则表达式来使用。
- – f<规则文件> 或 --file=<规则文件>：指定规则文件，其内容含有一个或多个规则样式，让grep查找符合规则条件的文件内容，格式为每行一个规则样式。
- – F 或 --fixed-regexp：将样式视为固定字符串的列表。
- – G 或 --basic-regexp：将样式视为普通的表示法来使用。
- – h 或 --no-filename：在显示符合样式的那一行之前，不标示该行所属的文件名称。
- – H 或 --with-filename：在显示符合样式的那一行之前，表示该行所属的文件名称。
- – i 或 --ignore-case：忽略字符大小写的差别。
- – l 或 --file-with-matches：列出文件内容符合指定样式的文件名称。
- – L 或 --files-without-match：列出文件内容不符合指定样式的文件名称。
- – n 或 --line-number：在显示符合样式的那一行之前，标示出该行的列数编号。
- – o 或 --only-matching：只显示匹配pattern部分。
- – q 或 --quiet或--silent：不显示任何信息。
- – r 或 --recursive：此参数的效果和指定"–d recurse"参数相同。
- – s 或 --no-messages：不显示错误信息。
- – v 或 --invert-match：显示不包含匹配文本的所有行。
- – V 或 --version：显示版本信息。
- – w 或 --word-regexp：只显示全字符合的列。
- – x --line-regexp：只显示全列符合的列。
- – y：此参数的效果和指定"–i"参数相同。

【实例】

（1）在文件 file.txt 中查找字符串 "hello"，并打印匹配的行：

```
grep hello file.txt
```

（2）在文件夹 dir 中递归查找所有文件中匹配正则表达式 "pattern" 的行，并打印匹配行所在的文件名和行号：

```
grep –r –n pattern dir/
```

（3）在标准输入中查找字符串 "world"，并只打印匹配的行数：

```
echo "hello world" | grep –c world
```

（4）在当前目录中，查找后缀有 file 字样的文件中包含 test 字符串的文件，并打印出该字符串的行。此时，可以使用如下命令：

```
grep test *file
```

结果如下所示：

$ grep test test* #查找前缀有 "test" 的文件包含 "test" 字符串的文件

testfile1：This a Linux testfile! #列出 testfile1 文件中包含 test 字符的行

testfile_2：This is a linux testfile! #列出 testfile_2 文件中包含 test 字符的行

testfile_2：Linux test #列出 testfile_2 文件中包含 test 字符的行

（5）以递归的方式查找符合条件的文件。例如，查找指定目录/etc/acpi 及其子目录（如果存在子目录的话）下所有文件中包含字符串 "update" 的文件，并打印出该字符串所在行的内容，使用的命令为：

grep –r update /etc/acpi

输出结果如下：

$ grep –r update /etc/acpi #以递归的方式查找 "etc/acpi"

#下包含 "update" 的文件

/etc/acpi/ac.d/85–anacron.sh：#（Things like the slocate updatedb cause a lot of IO.）Rather than

/etc/acpi/resume.d/85–anacron.sh：#（Things like the slocate updatedb cause a lot of IO.）Rather than

/etc/acpi/events/thinkpad–cmos：action=/usr/sbin/thinkpad–keys--update

（6）反向查找。前面各个例子是查找并打印出符合条件的行，通过 "–v" 参数可以打印出不符合条件行的内容。

查找文件名中包含 test 的文件中不包含 test 的行，此时，使用的命令为：

grep –v test *test*

结果如下所示：

$ grep-v test* #查找文件名中包含 test 的文件中不包含 test 的行

testfile1：helLinux!

testfile1：Linis a free Unix–type operating system.

testfile1：Lin

testfile_1：HELLO LINUX!

testfile_1：LINUX IS A FREE UNIX–TYPE OPTERATING SYSTEM.

testfile_1：THIS IS A LINUX TESTFILE!

testfile_2：HELLO LINUX!

testfile_2：Linux is a free unix–type opterating system.

3. join

【命令简介】

Linux join 命令用于将两个文件中指定栏位内容相同的行连接起来。

找出两个文件中指定栏位内容相同的行，并加以合并，再输出到标准输出设备。

【语法格式】

> join［–i］［–a<1 或 2>］［–e<字符串 >］［–o<格式 >］［–t<字符 >］［–v<1 或 2>］
> ［–1<栏位 >］［–2<栏位 >］［––help］［––version］［文件 1］［文件 2］

【参数说明】

- –a<1 或 2>：除了显示原来的输出内容之外，还显示指令文件中没有相同栏位的行。
- –e<字符串 >：若［文件 1］与［文件 2］中找不到指定的栏位，则在输出中填入选项中的字符串。
- –i 或 ––igore-case：比较栏位内容时，忽略大小写的差异。
- –o<格式 >：按照指定的格式来显示结果。
- –t<字符 >：使用栏位的分隔字符。
- –v<1 或 2>：跟 –a 相同，但是只显示文件中没有相同栏位的行。
- –1<栏位 >：连接［文件 1］指定的栏位。
- –2<栏位 >：连接［文件 2］指定的栏位。
- ––help：显示帮助。
- ––version：显示版本信息。

【实例】

连接两个文件。

为了清楚地了解 join 命令，首先通过 cat 命令显示文件 testfile_1 和 testfile_2 的内容。然后以默认的方式比较两个文件，将两个文件中指定字段的内容相同的行连接起来，在终端中输入命令：

> join testfile_1 testfile_2

首先查看 testfile_1 和 testfile_2 中的文件内容：

> $ cat testfile_1 #testfile_1 文件中的内容
>
> Hello 95 #例如，本例中第一列为姓名，第二列为数额
>
> Linux 85
>
> test 30
>
> cmd@hdd–desktop：~$ cat testfile_2 #testfile_2 文件中的内容
>
> Hello 2005 #例如，本例中第一列为姓名，第二列为年份
>
> Linux 2009
>
> test 2006

然后使用 join 命令，将两个文件连接，结果如下：

> $ join testfile_1 testfile_2 #连接 testfile_1、testfile_2 中的内容
>
> Hello 95 2005 #连接后显示的内容
>
> Linux 85 2009
>
> test 30 2006

文件1与文件2的位置对输出到标准输出的结果是有影响的。例如，将命令中的两个文件互换，即输入如下命令：

```
join testfile_2 testfile_1
```

最终在标准输出的输出结果将发生变化，如下所示：

```
$ join testfile_2 testfile_1 #改变文件顺序连接两个文件
Hello 2005 95 #连接后显示的内容
Linux 2009 85
test 2006 30
```

4. look

【命令简介】

Linux look命令用于查询单词。

look指令用于英文单字的查询。仅需给予它欲查询的字首字符串，它就会显示所有开头字符串符合该条件的单字。

【语法格式】

```
look［–adf］［–t<字尾字符串>］［字首字符串］［字典文件］
```

【参数说明】

- –a：使用另一个字典文件web2，该文件也位于/usr/dict目录下。
- –d：只对比英文字母和数字，其余一概忽略不予比对。
- –f：忽略字符大小写差别。
- –t<字尾字符串>：设置字尾字符串。

【实例】

为了查找在testfile文件中以字母L开头的所有的行，可以输入如下命令：

```
look L testfile
```

原文件testfile中的内容如下：

```
$ cat testfile #查看testfile 文件内容
HELLO LINUX!
Linux is a free unix–type opterating system.
This is a linux testfile!
Linux test
```

在testfile文件中使用look命令查找以"L"开头的单词，结果如下：

```
$ look L testfile                                #查找以"L"开头的单词
Linux is a free unix–type opterating system.     #第二行以"L"开头，列出全句
Linux test                                       #第四行以"L"开头，列出全句
```

5. mtype

【命令简介】

mtype 为 mtools 工具指令，模拟 MS–DOS 的 type 指令，可显示 MS–DOS 文件的内容。

【语法格式】

mtype［–st］［文件］

【参数说明】

- –s：去除 8 位字符码集的第一个位，使它兼容于 7 位的 ASCII。
- –t：将 MS–DOS 文本文件中的"换行+光标移至行首"字符转换成 Linux 的换行字符。

【实例】

打开名为 dos.txt 的 MS–DOS 文件，可使用如下命令：

mtype dos.txt   #打开 MS–DOS 文件

显示结果如下：

```
$ mtype dos.txt #打开 MS–DOS 文件

Linux networks are becoming more and more common, but security is often an overlooked
issue. Unfortunately, in today's environment all networks are potential hacker targets,
from top–secret military research networks to small home LANs.

Linux Network Securty focuses on securing Linux in a networked environment, where the
security of the entire network needs to be considered rather than just isolated machines.

It uses a mix of theory and practicl techniques to teach administrators how to install and
use security applications, as well as how the applcations work and why they are necessary.
```

6. pico

【命令简介】

Linux pico 命令用于编辑文字文件。

pico 是个简单易用、以显示导向为主的文字编辑程序，它伴随着处理电子邮件和新闻组的程序 pine 而来。

【语法格式】

pico［–bdefghjkmqtvwxz］［–n<间隔秒数>］［–o<工作目录>］［–r<编辑页宽>］
［–s<拼字检查器>］［+<列数编号>］［文件］

【参数说明】

- –b：开启置换的功能。
- –d：开启删除的功能。
- –e：使用完整的文件名称。
- –f：支持键盘上的 F1、F2 等功能键。
- –g：显示光标。
- –h：在线帮助。

- –j：开启切换的功能。
- –k：预设 pico 在使用剪下命令时，会把光标所在的列的内容全部删除。
- –m：开启鼠标支持的功能，可用鼠标点选命令列表。
- –n<间隔秒数>：设置多久检查一次新邮件。
- –o<工作目录>：设置工作目录。
- –q：忽略预设值。
- –r<编辑页宽>：设置编辑文件的页宽。
- –s<拼字检查器>：另外指定拼字检查器。
- –t：启动工具模式。
- –v：启动阅读模式，用户只能观看，无法编辑文件的内容。
- –w：关闭自动换行，通过这个参数可以编辑内容很长的列。
- –x：关闭换面下方的命令列表。
- –z：让 pico 可被 Ctrl+z 中断，暂存在后台作业里。
- +<列数编号>：执行 pico 指令进入编辑模式时，从指定的列数开始编辑。

【实例】

使用 pico 命令来编辑 testfile 文件，在终端中输入如下命令：

```
pico testfile
```

输出结果如下：

```
GNU nano 2.0.9 文件：testfile #从左到右分别为编辑器版本号、文件名
#编辑区
Linux networks are becoming more and more common，but security is often an over$
Linux Network Securty focuses on securing Linux in a networked environment，whe$
［已读取 3 行］#以下为菜单栏
^G 求助 ^O 写入 ^R 读档 ^Y 上页 ^K 剪切文字 ^C 在标位置
^X 离开 ^J 对齐 ^W 搜寻 ^V 下页 ^U 还原剪切 ^T 拼写检查
```

7. sort

【命令简介】

Linux sort 命令用于将文本文件内容加以排序。

sort 可针对文本文件的内容，以行为单位来排序。

【语法格式】

```
sort［–bcdfimMnr］［–o<输出文件>］［–t<分隔字符>］［+<起始栏位>–<结束栏
位>］［––help］［––verison］［文件］［–k field1［，field2］］
```

【参数说明】

- –b：忽略每行前面开始出的空格字符。
- –c：检查文件是否已经按照顺序排序。

61

- –d：排序时，除了处理英文字母、数字及空格字符外，忽略其他的字符。
- –f：排序时，将小写字母视为大写字母。
- –i：排序时，除了040至176之间的ASCII字符外，忽略其他的字符。
- –m：将几个排序好的文件进行合并。
- –M：将前面3个字母依照月份的缩写进行排序。
- –n：依照数值的大小排序。
- –u：意味着是唯一的（unique），输出的结果是去完重了的。
- –o<输出文件>：将排序后的结果存入指定的文件。
- –r：以相反的顺序来排序。
- –t<分隔字符>：指定排序时所用的栏位分隔字符。
- +<起始栏位>–<结束栏位>：以指定的栏位来排序，范围由起始栏位到结束栏位的前一栏位。
- ––help：显示帮助。
- ––version：显示版本信息。
- ［–k field1［，field2］］：按指定的列进行排序。

【实例】

在使用 sort 命令以默认的式对文件的行进行排序，使用的命令如下：

```
sort testfile
```

sort 命令将以默认的方式将文本文件的第一列以 ASCII 码的次序排列，并将结果输出到标准输出。

使用 cat 命令显示 testfile 文件，可知其原有的排序如下：

```
$ cat testfile        # testfile 文件原有排序
test 30
Hello 95
Linux 85
```

使用 sort 命令重排后的结果如下：

```
$ sort testfile # 重排结果
Hello 95
Linux 85
test 30
```

使用 –k 参数设置对第二列的值进行重排，结果如下：

```
$ sort testfile –k 2
test 30
Linux 85
Hello 95
```

8. spell

【命令简介】

Linux spell命令用于建立拼写检查程序。

spell可从标准输入设备读取字符串，结束后显示拼错的词汇。

【语法格式】

```
spell
```

【实例】

检查文件testfile是否有拼写错误，在命令行提示符下输入如下命令：

```
spell testfile
```

如果文件中有单词拼写错误，则输出如下信息：

```
$ spell testfile          #检查testfile 拼写错误
scurity                   #以下为有错误的单词
tp
LANs
Securty
practicl
applcations
necesary
```

如果所检查的文件没有单词拼写错误，那么，命令运行后不会给出任何信息。

检查从标准输入读取的字符串。例如，在命令行中输入如下命令：

```
spell
```

按回车键后，输入一串字符串，然后按Ctrl+D 组合键退出spell，屏幕上将显示拼写有错误的单词。如下所示：

```
$ spell #检查标准输入的字符串的拼写错误
hell，this is a linx sustem! #拼写错误的字符串
linx #以下为有拼写错误的单词
sustem
```

9. wc

【命令简介】

Linux wc命令用于计算字数。

利用wc指令我们可以计算文件的Byte数、字数或是列数，若不指定文件名称或是所给予的文件名为"–"，则wc指令会从标准输入设备读取数据。

【语法格式】

```
wc［–clw］［––help］［––version］［ 文件 ...］
```

【参数说明】

- –c 或 ––bytes 或 ––chars：只显示 Bytes 数。
- –l 或 ––lines：显示行数。
- –w 或 ––words：只显示字数。
- ––help：在线帮助。
- ––version：显示版本信息。

【实例】

在默认的情况下，wc 将计算指定文件的行数、字数以及字节数。使用的命令为：

```
wc testfile
```

先查看 testfile 文件的内容，可以看到：

```
$ cat testfile
Linux networks are becoming more and more common, but scurity is often an overlooked
issue. Unfortunately, in today's environment all networks are potential hacker targets,
fro0m tp-secret military research networks to small home LANs.
Linux Network Securty focuses on securing Linux in a networked environment, where the
security of the entire network needs to be considered rather than just isolated machines.
It uses a mix of theory and practicl techniques to teach administrators how to install and
use security applications, as well as how the applcations work and why they are necesary.
```

使用 wc 统计，结果如下：

```
$ wc testfile              # testfile 文件的统计信息
3 92 598 testfile          # testfile 文件的行数为 3、单词数 92、字节数 598
```

其中，三个数字分别表示 testfile 文件的行数、单词数以及该文件的字节数。

如果想同时统计多个文件的信息，例如同时统计 testfile、testfile_1、testfile_2，可使用如下命令：

```
wc testfile testfile_1 testfile_2    #统计三个文件的信息
```

输出结果如下：

```
$ wc testfile testfile_1 testfile_2   #统计三个文件的信息
3 92 598 testfile                     #第一个文件行数为 3、单词数 92、字节数 598
9 18 78 testfile_1                    #第二个文件的行数为 9、单词数 18、字节数 78
3 6 32 testfile_2                     #第三个文件的行数为 3、单词数 6、字节数 32
15 116 708 总用量                     #三个文件总共的行数为 15、单词数 116、字节数 708
```

10. let

【命令简介】

let 命令是 BASH 中用于计算的工具，用于执行一个或多个表达式，变量计算中不需要

加上 $ 来表示变量。如果表达式中包含了空格或其他特殊字符，则必须引起来。

【语法格式】

```
let arg[ arg ... ]
```

【参数说明】

- arg：要执行的表达式。

【实例】

自加操作：let no++

自减操作：let no--

简写形式 let no+=10，let no-=20，分别等同于 let no=no+10，let no=no-20。

以下实例计算 a 和 b 两个表达式，并输出结果：

```
#!/bin/bash


let a=5+4
let b=9-3
echo $a $b
```

以上实例执行结果为：

```
9 6
```

三、文件传输

1. lprm

【命令简介】

Linux lprm 命令用于将一个工作由打印机贮列中移除。

尚未完成的打印机工作会被放在打印机贮列之中，这个命令可用来将常未送到打印机的工作取消。由于每一个打印机都有一个独立的贮列，所以可以用 -P 这个命令设定想要作用的印列机。如果没有设定的话，则会使用系统预设的打印机。

这个命令会检查使用者是否有足够的权限删除指定的档案，一般而言，只有档案的拥有者或是系统管理员才有这个权限。

【语法格式】

```
/usr/bin/lprm[ P ][ file... ]
```

【实例】

将打印机 hpprinter 中的第 1123 号工作移除：

```
lprm -Phpprinter 1123
```

将第 1011 号工作由预设印表机中移除：

```
lprm 1011
```

2. lpr

【命令简介】

lpr（line printer，按行打印）实用程序用于将一个或多个文件放入打印队列等待打印。lpr 可以用来将资料送给本地或是远端的主机来处理。

【语法格式】

lpr〔 –P printer 〕

【参数说明】

• –P printer：将资料送至指定的打印机 Printer，预设值为 lp。

【实例】

下面的命令行将在名为"mailroom"的打印机上打印 report 文件：

$ lpr –P mailroom report

使用一条打印命令可打印多个文件，下面的命令行在名为"laser1"的打印机上打印 3 个文件：

$ lpr –P laser1 05.txt 108.txt 12.txt

3. lpq

【命令简介】

Linux lpq 命令用于查看一个打印队列的状态，该程序可以查看打印机队列状态及其所包含的打印任务。

【语法格式】

lpq〔 l 〕〔 P 〕〔 user 〕

【参数说明】

• –P：指定一个打印机，否则使用默认打印机或环境变量 PRINTER 指定的打印机。

• –l：打印组成作业的所有文件的信息。

【实例】

为系统默认的打印机 printer 的一个空队列：

$ lpq
printer is ready
no entries

如果事先并未指定打印机（使用 –P 选项），系统便会显示默认的打印机。如果向打印机发送打印任务，然后查看打印队列，便会看到如下列表内容：

$ ls *.txt | pr –3 | lp
request id is printer–603（1 file（s））
〔 me@linuxbox ~ 〕$ lpq
printer is ready and printing
Rank   Owner   Job   File（s）   Total Size
active   me   603   （stdin）

4. lpd

【命令简介】

Linux lpd命令是一个常驻的打印机管理程序，它会根据 /etc/printcap 的内容来管理本地或远端的打印机。

/etc/printcap 中定义的每一个打印机必须在 /var/lpd 中有一个相对应的目录，目录中以 cf 开头的档案表示一个等待送到适当装置的印表工作。这个档案通常是由 lpr 所产生。

lpr 和 lpd 组成了一个可以离线工作的系统，当你使用 lpr 时，打印机不需要能立即可用，甚至不用存在。

lpd 会自动监视打印机的状况，当打印机上线后，便立即将档案送交处理。所有的应用程序不必等待打印机完成前一工作。

【语法格式】

lpd［ –l ］［ #port ］

【参数说明】

- –l：将一些除错讯息显示在标准输出上。
- #port：一般而言，lpd 会使用 getservbyname 取得适当的 TCP/IP port，可以使用这个参数强迫 lpd 使用指定的 port。

【实例】

这个程序通常是由 /etc/rc.d 中的程序在系统启始阶段执行。

5. ftp

【命令简介】

Linux ftp命令用于设置文件系统相关功能。

FTP是ARPANet的标准文件传输协议，该网络就是现今Internet的前身。

【语法格式】

ftp［ –dignv ］［ 主机名称或IP地址 ］

【参数说明】

- –d：详细显示指令执行过程，便于排错或分析程序执行的情形。
- –i：关闭互动模式，不询问任何问题。
- –g：关闭本地主机文件名称，支持特殊字符的扩充特性。
- –n：不使用自动登陆。
- –v：显示指令执行过程。

【实例】

例如，使用ftp命令匿名登录ftp.kernel.org服务器，该服务是Linux 内核的官方服务器，可以使用如下命令：

ftp ftp.kernel.org #发起链接请求

6. uupick

【命令简介】

Linux uupick命令用于处理传送进来的文件。

当其他主机通过UUCP将文件传送进来时，可利用uupick指令取出这些文件。

【语法格式】

uupick［-v］［-I<配置文件>］［-s<主机>］［-x<层级>］［--help］

【参数说明】

- -I<配置文件>或--config<配置文件>：指定配置文件。
- -s<主机>或--system<主机>：处理由指定主机传送过来的文件。
- -v或--version：显示版本信息。
- --help：显示帮助。

【实例】

处理由主机localhost传送过来的文件。在命令行直接输入如下命令：

uupick-s localhost

该命令通常没有输出。

7. uucp

【命令简介】

Linux uucp命令用于在Unix系统之间传送文件。

UUCP为Unix系统之间通过序列线来连线的协议。uucp使用UUCP协议，主要的功能为传送文件。

【语法格式】

uucp［-cCdfjmrRtvW］［-g<等级>］［-I<配置文件>］［-n<用户>］［-x<类型>］
［--help］［...来源］［目的］

【参数说明】

- -c或--nocopy：不用将文件复制到缓冲区。
- -C或--copy：将文件复制到缓冲区。
- -d或--directiories：在传送文件时，自动在［目的］建立必要的目录。
- -f或--nodirectiories：在传送文件时，若需要在［目的］建立目录，则放弃执行该作业。
- -g<等级>或--grade<等级>：指定文件传送作业的优先顺序。
- -I<配置文件>或--config<配置文件>：指定uucp配置文件。
- -j或--jobid：显示作业编号。
- -m或--mail：作业结束后，以电子邮件报告作业是否顺利完成。
- -n<用户>或--notify<用户>：作业结束后，以电子邮件向指定的用户报告作业是否顺利完成。

- −r 或 −−nouucico：不要立即启动 uucico 服务程序，仅将作业送到队列中，稍后再执行。
- −R 或 −−recursive：若［来源］为目录，则将整个目录包含子目录复制到［目的］。
- −t 或 −−uuto：将最后一个参数视为 "主机名!用户"。
- −v 或 −−version：显示版本信息。
- −W 或 −−noexpand：不要将目前所在的目录加入路径。
- −x<类型>或−−debug<类型>：启动指定的排错模式。
- −−help：显示帮助。
- ［源...］：指定源文件或路径。
- ［目的］：指定目标文件或路径。

【实例】

将 temp/ 目录下所有文件传送到远程主机 localhost 的 uucp 公共目录下的 Public/ 目录下。在命令行中输入如下命令：

```
uucp −d −R temp localhost ~/Public/
```

该命令通常没有输出。

8. tftp

【命令简介】

Linux tftp 命令用于传输文件。

FTP 让用户得以下载存放于远端主机的文件，也能将文件上传到远端主机放置。tftp 是简单的文字模式 ftp 程序，它所使用的指令和 FTP 类似。

【语法格式】

```
tftp［主机名称或IP地址］
```

【参数说明】

- connect：连接到远程 tftp 服务器。
- mode：文件传输模式。
- put：上传文件。
- get：下载文件。
- quit：退出。
- verbose：显示详细的处理信息。
- trace：显示包路径。
- status：显示当前状态信息。
- binary：二进制传输模式。
- ascii：ascii 传送模式。
- rexmt：设置包传输的超时时间。
- timeout：设置重传的超时时间。

- help：帮助信息。
- ?：帮助信息。

【实例】

连接远程服务器218.28.188.288，然后使用put命令下载其中根目录下的文件"README"，可使用命令如下：

tftp 218.28.188.288 #连接远程服务器

连接服务器之后可进行相应的操作，具体如下：

```
$ tftp 218.28.188.228                              #连接远程服务器
tftp> ?                                            #使用？，参考帮助
Commands may be abbreviated. Commands are：        #帮助命令列表
connect connect to remote tftp
mode set file transfer mode
put send file
get receive file
quit exit tftp
verbose toggle verbose mode
trace toggle packet tracing
status show current status
binary set mode to octet
ascii set mode to netascii
rexmt set per-packet retransmission timeout
timeout set total retransmission timeout
? print help information
tftp>get README                                    #远程下载README文件
getting from 218.28.188.288 to /home/cmd
Recived 168236 bytes in 1.5 seconds［112157 bit/s］
tftp>quit                                           #离开tftp
```

四、磁盘管理

1. cd

【命令简介】

Linux cd（英文全拼：change directory）命令用于切换当前工作目录。

其中，dirName 表示法可为绝对路径或相对路径。若目录名称省略，则变换至使用者的 home 目录（也就是刚 login 时所在的目录）。

另外，~ 也表示为 home 目录 的意思， .表示目前所在的目录， ..则表示目前目录位置

的上一层目录。

【语法格式】

cd［dirName］

【参数说明】

- dirName：要切换的目标目录。

【实例】

跳到 /usr/bin/：

cd /usr/bin

跳到自己的 home 目录：

cd ~

跳到目前目录的上上两层：

cd ../..

2. df

【命令简介】

Linux df（英文全拼：disk free）命令用于显示目前在 Linux 系统上的文件系统磁盘使用情况统计。

【语法格式】

df［选项］...［FILE］...

- –a 或 --all：包含所有具有 0 Blocks 的文件系统。
- --block-size={SIZE}：使用 {SIZE} 大小的 Blocks。
- –h 或 --human-readable：使用人类可读的格式（预设值是不加这个选项的...）。
- –H 或 --si：很像 –h，但是用 1000 为单位而不是用 1024。
- –i 或 --inodes：列出 inode 资讯，不列出已使用 block。
- –k 或 --kilobytes：就像是 --block-size=1024。
- –l 或 --local：限制列出的文件结构。
- –m 或 --megabytes：就像 --block-size=1048576。
- --no-sync：取得资讯前不 sync（预设值）。
- –P 或 --portability：使用 POSIX 输出格式。
- --sync：在取得资讯前 sync。
- –t 或 --type=TYPE：限制列出文件系统的 TYPE。
- –T 或 --print-type：显示文件系统的形式。
- –x 或 --exclude-type=TYPE：限制列出文件系统不要显示 TYPE。
- –v：（忽略）。
- --help：显示这个帮手并且离开。
- --version：输出版本资讯并且离开。

【实例】

显示文件系统的磁盘使用情况统计：

# df					
Filesystem	1K–blocks	Used	Available	Use%	Mounted on
/dev/sda6	29640780	4320704	23814388	16%	/
udev	1536756	4	1536752	1%	/dev
tmpfs	617620	888	616732	1%	/run
none	5120	0	5120	0%	/run/lock
none	1544044	156	1543888	1%	/run/shm

第一列指定文件系统的名称，第二列指定一个特定的文件系统 1K–块，1K 是 1024 字节为单位的总内存。用和可用列正在使用中，分别指定的内存量。

使用列指定使用的内存的百分比，而最后一栏"安装在"指定的文件系统的挂载点。

df 也可以显示磁盘使用的文件系统信息：

# df test					
Filesystem	1K–blocks	Used	Available	Use%	Mounted on
/dev/sda6	29640780	4320600	23814492	16%	/

用一个 –i 选项的 df 命令的输出显示 inode 信息而非块使用量。

df –i					
Filesystem	Inodes	IUsed	IFree	IUse%	Mounted on
/dev/sda6	1884160	261964	1622196	14%	/
udev	212748	560	212188	1%	/dev
tmpfs	216392	477	215915	1%	/run
none	216392	3	216389	1%	/run/lock
none	216392	8	216384	1%	/run/shm

显示所有的信息：

# df --total					
Filesystem	1K–blocks	Used	Available	Use%	Mounted on
/dev/sda6	29640780	4320720	23814372	16%	/
udev	1536756	4	1536752	1%	/dev
tmpfs	617620	892	616728	1%	/run
none	5120	0	5120	0%	/run/lock
none	1544044	156	1543888	1%	/run/shm
total	33344320	4321772	27516860	14%	

我们看到输出的末尾，包含一个额外的行，显示总的每一列。

–h选项，通过它可以产生可读的格式df命令的输出：

```
# df –h
Filesystem      Size        Used        Avail       Use%        Mounted on
/dev/sda6       29G         4.2G        23G         16%         /
udev            1.5G        4.0K        1.5G        1%          /dev
tmpfs           604M        892K        603M        1%          /run
none            5.0M        0           5.0M        0%          /run/lock
none            1.5G        156K        1.5G        1%          /run/shm
```

我们可以看到输出显示的数字形式的"G"（千兆字节）、"M"（兆字节）和"K"（千字节）。

这使输出容易阅读和理解，从而使磁盘使用的情况是可读的。请注意，第二列的名称也发生了变化，显示磁盘使用情况的"大小"。

3. du

【命令简介】

Linux du（英文全拼：disk usage）命令用于显示目录或文件的大小。

du 会显示指定的目录或文件所占用的磁盘空间。

【语法格式】

```
du [ –abcDhHklmsSx ] [ –L <符号连接> ] [ –X <文件> ] [ ––block–size ]
[ ––exclude=<目录或文件> ] [ ––max–depth=<目录层数> ] [ ––help ] [ ––version ]
[ 目录或文件 ]
```

【参数说明】

- –a或–all：显示目录中个别文件的大小。
- –b或–bytes：显示目录或文件大小时，以byte为单位。
- –c或––total：除了显示个别目录或文件的大小外，也显示所有目录或文件的总和。
- –D或––dereference–args：显示指定符号连接的源文件大小。
- –h或––human–readable：以K、M、G为单位，提高信息的可读性。
- –H或––si 与–h：参数相同，但是K、M、G是以1000为换算单位。
- –k或––kilobytes：以1024 bytes为单位。
- –l或––count–links：重复计算硬件连接的文件。
- –L<符号连接>或––dereference<符号连接>：显示选项中所指定符号连接的源文件大小。
- –m或––megabytes：以1MB为单位。
- –s或––summarize：仅显示总计。
- –S或––separate–dirs：显示个别目录的大小时，并不含其子目录的大小。
- –x或––one–file–xystem：以一开始处理时的文件系统为准，若遇上其他不同的文件系统目录则略过。
- –X<文件>或––exclude–from=<文件> 在<文件>：指定目录或文件。
- ––exclude=<目录或文件>：略过指定的目录或文件。

73

- --max-depth=<目录层数>：超过指定层数的目录后，予以忽略。
- --help：显示帮助。
- --version：显示版本信息。

【实例】

显示目录或者文件所占空间：

```
# du
608        ./test6
308        ./test4
4          ./scf/lib
4          ./scf/service/deploy/product
4          ./scf/service/deploy/info
12         ./scf/service/deploy
16         ./scf/service
4          ./scf/doc
4          ./scf/bin
32         ./scf
8          ./test3
1288       .
```

只显示当前目录下子目录的目录大小和当前目录的总大小，最下面的 1288 为当前目录的总大小，显示指定文件所占空间：

```
# du log2012.log
300        log2012.log
```

方便阅读的格式显示 test 目录所占空间情况：

```
# du -h test
608K       test/test6
308K       test/test4
4.0K       test/scf/lib
4.0K       test/scf/service/deploy/product
4.0K       test/scf/service/deploy/info
12K        test/scf/service/deploy
16K        test/scf/service
4.0K       test/scf/doc
4.0K       test/scf/bin
32K        test/scf
8.0K       test/test3
1.3M       test
```

4. dirs

【命令简介】

Linux dirs 命令用于显示目录记录。

显示目录堆叠中的记录。

【语法格式】

```
dirs〔+/-n -l〕
```

【参数说明】

- +n：显示从左边算起第 n 笔的目录。
- -n：显示从右边算起第 n 笔的目录。
- -l：显示目录完整的记录。

【实例】

列出 "/home/cc/Ruijie" 里所有内容的详细信息，可用如下命令：

```
dir -l /home/cc/Ruijie
```

下面是显示的内容：

```
$ dir -l /home/cc/Ruijie
总计 2168
-rwxr-xr-x 1 cc cc    112876 2008-06-26 libpcap.so.0.6.2 -rwxr-xr-x 1 cc cc    737192
2008-06-26 libstdc++.so.5 -rwxr-xr-x 1 cc cc 1938 2004-04-23 readme.txt
-rwxr-xr-x 1 cc cc 1350772 2005-08-31 xrgsu
```

5. mkdir

【命令简介】

Linux mkdir（英文全拼：make directory）命令用于创建目录。

【语法格式】

```
mkdir〔-p〕dirName
```

【参数说明】

- -p：确保目录名称存在，不存在的就建一个。

【实例】

在工作目录下，建立一个名为 runoob 的子目录：

```
mkdir runoob
```

在工作目录下的 runoob2 目录中，建立一个名为 test 的子目录。

若 runoob2 目录原本不存在，则建立一个（注：本例若不加 -p 参数，且原本 runoob2 目录不存在，则产生错误）：

```
mkdir -p runoob2/test
```

6. pwd

【命令简介】

Linux pwd（英文全拼：print work directory）命令用于显示工作目录。

执行 pwd 指令可立刻得知你目前所在工作目录的绝对路径名称。

【语法格式】

pwd［--help］［--version］

【参数说明】

- --help：在线帮助。
- --version：显示版本信息。

【实例】

查看当前所在目录：

```
# pwd
/root/test              #输出结果
```

7. mount

【命令简介】

Linux mount命令经常会使用到，它用于挂载Linux系统外的文件。

【语法格式】

mount［-hV］

mount -a［-fFnrsvw］［-t vfstype］

mount［-fnrsvw］［-o options［, ... ］］device | dir

mount［-fnrsvw］［-t vfstype］［-o options］device dir

【参数说明】

- -V：显示程序版本。
- -h：显示辅助讯息。
- -v：显示版本信息，通常和 -f 一起使用用来除错。
- -a：将 /etc/fstab 中定义的所有档案系统挂上。
- -F：这个命令通常和 -a 一起使用，它会为每一个 mount 的动作产生一个行程负责执行。在系统需要挂上大量 NFS 档案系统时可以加快挂上的动作。
- -f：通常用于除错。它会使 mount 并不执行实际挂上的动作，而是模拟整个挂上的过程。通常会和 -v 一起使用。
- -n：一般而言，mount 在挂上后会在 /etc/mtab 中写入一笔资料。但在系统中没有可写入档案系统存在的情况下可以用这个选项取消该动作。
- -s-r：等于 -o ro。
- -w：等于 -o rw。
- -L：将含有特定标签的硬盘分割挂上。

- –U：指定要挂载的设备。–L 和 –U 必须在 /proc/partition 这种档案存在时才有意义。
- –t：指定档案系统的型态。通常不必指定，mount 会自动选择正确的型态。
- –o async：打开非同步模式，所有的档案读写动作都会用非同步模式执行。
- –o sync：在同步模式下执行。
- –o atime、–o noatime：当 atime 打开时，系统会在每次读取档案时更新档案的上一次调用时间。当使用 flash 档案系统时，可能会把这个选项关闭以减少写入的次数。
- –o auto、–o noauto：打开/关闭自动挂上模式。
- –o defaults：使用预设的选项 rw, suid, dev, exec, auto, nouser, and async。
- –o dev、–o nodev–o exec、–o noexec：允许执行档被执行。
- –o suid、–o nosuid：允许执行档在 root 权限下执行。
- –o user、–o nouser：使用者可以执行 mount/umount 的动作。
- –o remount：将一个已经挂下的档案系统重新用不同的方式挂上。例如，原先是唯读的系统，现在用可读写的模式重新挂上。
- –o ro：用唯读模式挂上。
- –o rw：用可读写模式挂上。
- –o loop=：使用 loop 模式来将一个档案当成硬盘分割挂上系统。

【实例】

将 /dev/hda1 挂在 /mnt 之下：

```
#mount /dev/hda1 /mnt
```

将 /dev/hda1 用唯读模式挂在 /mnt 之下：

```
#mount –o ro /dev/hda1 /mnt
```

将 /tmp/image.iso 这个光碟的 image 档使用 loop 模式挂在 /mnt/cdrom 之下。用这种方法可以将一般网络上可以找到的 Linux 光碟 ISO 档在不烧录成光碟的情况下检视其内容。

```
#mount –o loop /tmp/image.iso /mnt/cdrom
```

8. umount

【命令简介】

Linux umount（英文全拼：unmount）命令用于卸除文件系统。

umount 可卸除目前挂在 Linux 目录中的文件系统。

【语法格式】

```
umount［–ahnrvV］［–t<文件系统类型>］［文件系统］
```

【参数说明】

- –a：卸除/etc/mtab 中记录的所有文件系统。
- –h：显示帮助。

- –n：卸除时不要将信息存入 /etc/mtab 文件中。
- –r：若无法成功卸除，则尝试以只读的方式重新挂入文件系统。
- –t<文件系统类型>：仅卸除选项中所指定的文件系统。
- –v：执行时显示详细的信息。
- –V：显示版本信息。
- ［文件系统］：除了直接指定文件系统外，也可以用设备名称或挂入点来表示文件系统。

【实例】

下面两条命令分别通过设备名和挂载点卸载文件系统，同时输出详细信息：

```
# umount –v /dev/sda1              通过设备名卸载
/dev/sda1 umounted
# umount –v /mnt/mymount/          通过挂载点卸载
/tmp/diskboot.img umounted
```

如果设备正忙，卸载即告失败。卸载失败的常见原因是，某个打开的 shell 当前目录为挂载点里的某个目录：

```
# umount –v /mnt/mymount/
umount：/mnt/mymount：device is busy
umount：/mnt/mymount：device is busy
```

9. ls

【命令简介】

Linux ls（英文全拼：list directory contents）命令用于显示指定工作目录下的内容（列出目前工作目录所含的文件及子目录）。

【语法格式】

```
ls［–alrtAFR］［name...］
```

【参数说明】

- –a：显示所有文件及目录（. 开头的隐藏文件也会列出）。
- –d：只列出目录（不递归列出目录内的文件）。
- –l：以长格式显示文件和目录信息，包括权限、所有者、大小、创建时间等。
- –r：倒序显示文件和目录。
- –t：将按照修改时间排序，最新的文件在最前面。
- –A：同 –a，但不列出 "."（目前目录）及 ".."（父目录）。
- –F：在列出的文件名称后加一符号；例如可执行档则加 "*"，目录则加 "/"。
- –R：递归显示目录中的所有文件和子目录。

【实例】

ls　–l	#以长格式显示当前目录中的文件和目录。
ls　–a	#显示当前目录中的所有文件和目录，包括隐藏文件。
ls　–lh	#以人类可读的方式显示当前目录中的文件和目录大小。
ls　–t	#按照修改时间排序显示当前目录中的文件和目录。
ls　–R	#递归显示当前目录中的所有文件和子目录。
ls　–l　/etc/passwd	# 显示 /etc/passwd 文件的详细信息

列出根目录(\)下的所有目录：

```
# ls /
bin                 dev    lib           media   net    root      srv    upload   www
boot                etc    lib64         misc    opt    sbin      sys    usr
home    lost+found  mnt    proc   selinux  tmp    var
```

将 /bin 目录以下所有目录及文件详细资料列出：

```
ls –lR /bin
```

当文件名包含空格、特殊字符或者开始字符为破折号时，可以使用反斜杠(\)进行转义，或者使用引号将文件名括起来。例如：

```
ls "my file.txt"      #列出文件名为"my file.txt"的文件
ls my\ file.txt       #列出文件名为"my file.txt"的文件
ls –– –filename       #列出文件名为"–filename"的文件
```

ls 命令还可以使用通配符进行模式匹配，例如 * 表示匹配任意字符，? 表示匹配一个字符，［...］表示匹配指定范围内的字符。

```
ls *.txt              #列出所有扩展名为.txt的文件
ls file?.txt          #列出文件名为file?.txt的文件，其中?表示任意一个字符
ls［abc］*.txt        #列出以a、b或c开头、扩展名为.txt的文件
```

列出目前工作目录下所有名称是 s 开头的文件，越新的排越后面：

```
ls –ltr s*
```

在使用ls –l命令时，第一列的字符表示文件或目录的类型和权限。其中第一个字符表示文件类型，例如：

- –：表示普通文件。
- d：表示目录。
- l：表示符号链接。
- c：表示字符设备文件。
- b：表示块设备文件。
- s：表示套接字文件。

- p：表示管道文件。

在使用ls –l命令时，第一列的其余 9 个字符表示文件或目录的访问权限，分别对应三个字符一组的rwx权限。例如：

- r：表示读取权限。
- w：表示写入权限。
- x：表示执行权限。
- –：表示没有对应权限。

前三个字符表示所有者的权限，中间三个字符表示所属组的权限，后三个字符表示其他用户的权限。例如：

```
–rw–r––r–– 1 user group 4096 Feb 21 12：00 file.txt
```

表示文件名为file.txt的文件，所有者具有读写权限，所属组和其他用户只有读取权限。

五、磁盘维护

1. cfdisk

【命令简介】

Linux cfdisk命令用于磁盘分区。

cfdisk是用来磁盘分区的程序，DOS的fdisk与它十分类似，具有互动式操作界面而非传统fdisk的问答式界面，可以轻易地利用方向键来操控分区操作。

【语法格式】

```
cfdisk［–avz］［–c <柱面数目>–h <磁头数目>–s <盘区数目>］［–P <r，s，t>］［外围设备代号］
```

【参数说明】

- –a：在程序里不用反白代表选取，而以箭头表示。
- –c<柱面数目>：忽略BIOS的数值，直接指定磁盘的柱面数目。
- –h<磁头数目>：忽略BIOS的数值，直接指定磁盘的磁头数目。
- –P<r，s，t>：显示分区表的内容，附加参数"r"会显示整个分区表的详细资料，附加参数"s"会依照磁区的顺序显示相关信息，附加参数"t"则会以磁头、磁区、柱面的方式来显示资料。
- –s<磁区数目>：忽略BIOS的数值，直接指定磁盘的磁区数目。
- –v：显示版本信息。
- –z：不读取现有的分区，直接当作没有分区的新磁盘使用。

【实例】

进行磁盘分区：

```
# cfsik
```

进行磁盘分区，使用箭头进行操作，而不使用反白表示：

```
# cfsik –a
```

进行磁盘分区，使用箭头进行操作，而不使用反白表示：

```
# cfsik –s 3
```

2. dd

【命令简介】

Linux dd 命令用于读取、转换并输出数据。

dd 可从标准输入或文件中读取数据，根据指定的格式来转换数据，再输出到文件、设备或标准输出。

【参数说明】

- if=文件名：输入文件名，默认为标准输入，即指定源文件。
- of=文件名：输出文件名，默认为标准输出，即指定目的文件。
- ibs=bytes：一次读入 bytes 个字节，即指定一个块大小为 bytes 个字节。
- obs=bytes：一次输出 bytes 个字节，即指定一个块大小为 bytes 个字节。
- bs=bytes：同时设置读入/输出的块大小为 bytes 个字节。
- cbs=bytes：一次转换 bytes 个字节，即指定转换缓冲区大小。
- skip=blocks：从输入文件开头跳过 blocks 个块后再开始复制。
- seek=blocks：从输出文件开头跳过 blocks 个块后再开始复制。
- count=blocks：仅拷贝 blocks 个块，块大小等于 ibs 指定的字节数。
- conv=<关键字>，关键字可以有以下 12 种：
  - conversion：用指定的参数转换文件。
  - ascii：转换 ebcdic 为 ascii。
  - ebcdic：转换 ascii 为 ebcdic。
  - ibm：转换 ascii 为 alternate ebcdic。
  - block：把每一行都转换成长度为 cbs，不足部分用空格填充。
  - unblock：把每一行都转换成长度为 cbs，不足部分用空格填充。
  - lcase：把大写字符转换为小写字符。
  - ucase：把小写字符转换为大写字符。
  - swap：交换输入的每对字节。
  - noerror：出错时不停止。
  - notrunc：不截短输出文件。
  - sync：将每个输入块填充到 ibs 个字节，不足部分用空（NUL）字符补齐。
- --help：显示帮助信息。
- --version：显示版本信息。

【实例】

在 Linux 下制作启动盘，可使用如下命令：

dd if=boot.img of=/dev/fd0 bs=1440k

将 testfile 文件中的所有英文字母转换为大写，然后转成为 testfile_1 文件，在命令提示符中使用如下命令：

```
dd if=testfile_2 of=testfile_1 conv=ucase
```

其中 testfile_2 的内容为：

```
$ cat testfile_2 #testfile_2 的内容
HELLO LINUX!
Linux is a free unix-type opterating system.
This is a linux testfile!
Linux test
```

转换完成后，testfile_1 的内容如下：

```
$ dd if=testfile_2 of=testfile_1 conv=ucase #使用 dd 命令，大小写转换记录了 0+1 的读入
记录了 0+1 的写出
95 字节（95 B）已复制，0.000131446 秒，723 KB/s
cmd@hdd-desktop：~$ cat testfile_1 #查看转换后的 testfile_1 文件内容
HELLO LINUX!
LINUX IS A FREE UNIX-TYPE OPTERATING SYSTEM.
THIS IS A LINUX TESTFILE!
LINUX TEST #testfile_2 中的所有字符都变成了大写字母
```

由标准输入设备读入字符串，并将字符串转换成大写后，再输出到标准输出设备，使用的命令为：

```
dd conv=ucase
```

输入以上命令后按回车键，输入字符串，再按回车键，按组合键 Ctrl+D 退出，出现以下结果：

```
$ dd conv=ucase
Hello Linux! #输入字符串后按回车键
HELLO LINUX! #按组合键 Ctrl+D 退出，转换成大写结果
记录了 0+1 的读入
记录了 0+1 的写出
13 字节（13 B）已复制，12.1558 秒，0.0 KB/s
```

3. fsck

【命令简介】

Linux fsck（英文全拼：file system check）命令用于检查与修复 Linux 档案系统，可以同时检查一个或多个 Linux 档案系统。

【语法格式】

fsck [−sACVRP] [−t fstype] [−−] [fsck−options] filesys [...]

【参数说明】

- filesys：device 名称（eg./dev/sda1），mount 点（eg. / 或 /usr）。
- −t：给定档案系统的型式，若在 /etc/fstab 中已有定义或 kernel 本身已支援的则不需加上此参数。
- −s：依序一个一个地执行 fsck 的指令来检查。
- −A：对 /etc/fstab 中所有列出来的 partition 做检查。
- −C：显示完整的检查进度。
- −d：列印 e2fsck 的 debug 结果。
- −p：同时有 −A 条件时，同时有多个 fsck 的检查一起执行。
- −R：同时有 −A 条件时，省略 / 不检查。
- −V：详细显示模式。
- −a：如果检查有错则自动修复。
- −r：如果检查有错则由使用者回答是否修复。

【实例】

检查 msdos 档案系统的 /dev/hda5 是否正常，如果有异常便自动修复：

fsck −t msdos −a /dev/hda5

注意：此指令可与 /etc/fstab 相互参考操作来加以了解。

4. swapon

【命令简介】

Linux swapon 命令用于激活 Linux 系统中交换空间，Linux 系统的内存管理必须使用交换区来建立虚拟内存。

【语法格式】

/sbin/swapon −a [−v]
/sbin/swapon [−v] [−p priority] specialfile ...
/sbin/swapon [−s]

【参数说明】

- −h：请帮帮我。
- −V：显示版本讯息。

- –s：显示简短的装置讯息。
- –a：自动启动所有SWAP装置。
- –p：设定优先权，你可以在0到32767中间选一个数字给它，或是在 /etc/fstab 里面加上 pri=［value］（［value］就是0~32767中间一个数字），然后就可以很方便地直接使用swapon –a 来启动它们，而且有优先权设定。

swapon 是开启swap。相对地，也有一个关闭swap的指令——swapoff。

5. fdisk

【命令简介】

Linux fdisk 是一个创建和维护分区表的程序，它兼容 DOS 类型的分区表、BSD 或者 SUN 类型的磁盘列表。

【语法格式】

fdisk［必要参数］［选择参数］

【参数说明】

- –l：列出素所有分区表。
- –u：与–l搭配使用，显示分区数目。

【选择参数】

- –s<分区编号>：指定分区。
- –v：版本信息。

【菜单操作说明】

- m：显示菜单和帮助信息。
- a：活动分区标记/引导分区。
- d：删除分区。
- l：显示分区类型。
- n：新建分区。
- p：显示分区信息。
- q：退出不保存。
- t：设置分区号。
- v：进行分区检查。
- w：保存修改。
- x：扩展应用，高级功能。

【实例】

显示当前分区情况：

```
# fdisk −l

Disk /dev/sda：10.7 GB, 10737418240 bytes
255 heads，63 sectors/track，1305 cylinders
Units = cylinders of 16065 * 512 = 8225280 bytes


Device        Boot      Start         End         Blocks        Id System
/dev/sda1     *         1             13          104391        83 Linux
/dev/sda2               14            1305        10377990      8e Linux LVM


Disk /dev/sdb：5368 MB, 5368709120 bytes
255 heads，63 sectors/track，652 cylinders
Units = cylinders of 16065 * 512 = 8225280 bytes


Disk /dev/sdb doesn't contain a valid partition table
```

显示 SCSI 硬盘的每个分区情况：

```
# fdisk −lu

Disk /dev/sda：10.7 GB, 10737418240 bytes
255 heads，63 sectors/track，1305 cylinders, total 20971520 sectors
Units = sectors of 1 * 512 = 512 bytes


Device        Boot      Start         End         Blocks        Id System
/dev/sda1     *         63            208844      104391        83 Linux
/dev/sda2               208845        20964824    10377990      8e Linux LVM


Disk /dev/sdb：5368 MB, 5368709120 bytes
255 heads，63 sectors/track，652 cylinders, total 10485760 sectors
Units = sectors of 1 * 512 = 512 bytes


Disk /dev/sdb doesn't contain a valid partition table
```

6. losetup

【命令简介】

Linux losetup 命令用于设置循环设备。

循环设备可把文件虚拟成区块设备，借模拟整个文件系统，让用户得以将其视为硬盘驱动器、光驱或软驱等设备，并挂入当作目录来使用。

【语法格式】

losetup［-d］［-e <加密方式>］［-o <平移数目>］［循环设备代号］［文件］

【参数说明】

- -d：卸除设备。
- -e<加密方式>：启动加密编码。
- -o<平移数目>：设置数据平移的数目。

【实例】

创建空的磁盘镜像文件，这里创建一个1.44M的软盘：

$ dd if=/dev/zero of=floppy.img bs=512 count=2880

使用losetup将磁盘镜像文件虚拟成块设备：

$ losetup /dev/loop1 floppy.img

挂载块设备：

$ mount /dev/loop0 /tmp

经过上面的三步之后，我们就可以通过/tmp目录，像访问真实块设备一样来访问磁盘镜像文件floppy.img。

卸载loop设备：

$ umount /tmp
$ losetup -d /dev/loop1

下面是一个完整测试实例。

（1）首先创建一个1G大小的空文件：

dd if=/dev/zero of=loopfile.img bs=1G count=1
1+0 records in
1+0 records out
1073741824 bytes（1.1 GB）copied, 69.3471 s, 15.5 MB/s

（2）对该文件格式化为ext4格式：

mkfs.ext4 loopfile.img
○ ○ ○ ○

（3）用file命令查看以下格式化后的文件类型：

file loopfile.img
loopfile.img: Linux rev 1.0 ext4 filesystem data，UUID=a9dfb4a0-6653-4407-ae05-7044d92c1159（extents）（large files）（huge files）

（4）准备将上面的文件挂载起来：

```
# mkdir /mnt/loopback
# mount –o loop loopfile.img /mnt/loopback
```

mount 命令的 –o loop 选项可以将任意一个 loopback 文件系统挂载。

上面的 mount 命令实际等价于下面两条命令：

```
# losetup /dev/loop0 loopfile.img
# mount /dev/loop0 /mnt/loopback
```

因此实际上，mount –o loop 在内部已经默认地将文件和 /dev/loop0 挂载起来。

然而对于第一种方法（mount –o loop）并不能适用于所有的场景。比如，我们想创建一个硬盘文件，然后对该文件进行分区，接着挂载其中一个子分区，这时就不能用 –o loop 这种方法了。因此必须如下操作：

```
# losetup /dev/loop1 loopfile.img
# fdisk /dev/loop1
```

（5）卸载挂载点：

```
# umount /mnt/loopback
```

7. mkfs

【命令简介】

Linux mkfs（英文全拼：make file system）命令用于在特定的分区上建立 Linux 文件系统。

【语法格式】

```
mkfs［ –V ］［ –t fstype ］［ fs-options ］filesys［ blocks ］
```

【参数说明】

- device：预备检查的硬盘分区，例如：/dev/sda1。
- –V：详细显示模式。
- –t：给定档案系统的型式，Linux 的预设值为 ext2。
- –c：在制作档案系统前，检查该 partition 是否有坏轨。
- –l bad_blocks_file：将有坏轨的 block 资料加到 bad_blocks_file 里面。
- block：给定 block 的大小。

【实例】

在 /dev/hda5 上建一个 msdos 的档案系统，同时检查是否有坏轨存在，并且将过程详细列出来：

```
mkfs –V –t msdos –c /dev/hda5
```

将 sda6 分区格式化为 ext3 格式：

```
mkfs –t ext3 /dev/sda6
```

注意：这里的文件系统是要指定的，比如 ext3、reiserfs、ext2、fat32、msdos 等。

8. sfdisk

【命令简介】

Linux sfdisk 命令是硬盘分区工具程序。

sfdisk 为硬盘分区工具程序，可显示分区的设置信息，并检查分区是否正常。

【语法格式】

sfdisk［–?Tvx］［–d＜硬盘＞］［–g＜硬盘＞］［–l＜硬盘＞］［–s＜分区＞］［–V＜硬盘＞］

【参数说明】

- –?或––help：显示帮助。
- –d＜硬盘＞：显示硬盘分区的设置。
- –g＜硬盘＞或––show-geometry＜硬盘＞：显示硬盘的CHS参数。
- –l＜硬盘＞：显示后硬盘分区的相关设置。
- –s＜分区＞：显示分区的大小，单位为区块。
- –T或––list-types：显示所有sfdisk能辨识的文件系统ID。
- –v或––version：显示版本信息。
- –V＜硬盘＞或––verify＜硬盘＞：检查硬盘分区是否正常。
- –x或––show-extend：显示扩展分区中的逻辑分区。

【实例】

显示分区信息：

```
# sfdisk –l


Disk /dev/sda: 1305 cylinders, 255 heads, 63 sectors/track
Units = cylinders of 8225280 bytes, blocks of 1024 bytes, counting from 0


Device Boot    Start      End       #cyls     #blocks       Id System
/dev/sda1 *    0+         12        13–       104391        83 Linux
/dev/sda2      13         1304      1292      10377990      8e Linux LVM
/dev/sda3      0          –         0         0             0 Empty
/dev/sda4      0          –         0         0             0 Empty


Disk /dev/sdb: 652 cylinders, 255 heads, 63 sectors/track


sfdisk: ERROR: sector 0 does not have an msdos signature
/dev/sdb: unrecognized partition
No partitions found
```

9. swapoff

【命令简介】

Linux swapoff命令用于关闭系统交换区（swap area）。

swapoff实际上为swapon的符号连接，可用来关闭系统的交换区。

【语法格式】

swapoff［设备］

【参数说明】

- –a：将/etc/fstab文件中所有设置为swap的设备关闭。
- –h：帮助信息。
- –V：版本信息。

【实例】

显示分区信息：

```
# sfdisk –l //显示分区信息


Disk /dev/sda: 1305 cylinders, 255 heads, 63 sectors/track
Units = cylinders of 8225280 bytes, blocks of 1024 bytes, counting from 0


Device Boot    Start       End         #cyls       #blocks         Id System
/dev/sda1 *     0+          12          13–          104391          83 Linux
/dev/sda2       13          1304        1292         10377990        8e Linux LVM
/dev/sda3       0           –           0            0               0 Empty
/dev/sda4       0           –           0            0               0 Empty


Disk /dev/sdb: 652 cylinders, 255 heads, 63 sectors/track


sfdisk: ERROR: sector 0 does not have an msdos signature
/dev/sdb: unrecognized partition
No partitions found
```

关闭交换分区：

```
# swapoff /dev/sda2 //关闭交换分区
```

六、网络通信

1. ping

【命令简介】

Linux ping 命令用于检测主机。

执行 ping 指令会使用 ICMP 传输协议，发出要求回应的信息，若远端主机的网络功能没有问题，就会回应该信息，因而得知该主机运作正常。

【语法格式】

ping［–dfnqrRv］［–c<完成次数>］［–i<间隔秒数>］［–I<网络界面>］［–l<前置载入>］［–p<范本样式>］［–s<数据包大小>］［–t<存活数值>］［主机名称或IP地址］

【参数说明】

- –d：使用Socket的SO_DEBUG功能。
- –c <完成次数>：设置完成要求回应的次数。
- –f：极限检测。
- –i<间隔秒数>：指定收发信息的间隔时间。
- –I<网络界面>：使用指定的网络接口送出数据包。
- –l<前置载入>：设置在送出要求信息之前，先行发出的数据包。
- –n：只输出数值。
- –p<范本样式>：设置填满数据包的范本样式。
- –q：不显示指令执行过程，开头和结尾的相关信息除外。
- –r：忽略普通的Routing Table，直接将数据包送到远端主机上。
- –R：记录路由过程。
- –s<数据包大小>：设置数据包的大小。
- –t<存活数值>：设置存活数值TTL的大小。
- –v：详细显示指令的执行过程。
- –w <deadline>：在 deadline 秒后退出。
- –W <timeout>：在等待 timeout 秒后开始执行。

【实例】

检测是否与主机连通：

```
# ping www.runoob.com //ping主机
PING aries.m.alikunlun.com（114.80.174.110）56（84）bytes of data.
64 bytes from 114.80.174.110: icmp_seq=1 ttl=64 time=0.025 ms
64 bytes from 114.80.174.110: icmp_seq=2 ttl=64 time=0.036 ms
64 bytes from 114.80.174.110: icmp_seq=3 ttl=64 time=0.034 ms
64 bytes from 114.80.174.110: icmp_seq=4 ttl=64 time=0.034 ms
64 bytes from 114.80.174.110: icmp_seq=5 ttl=64 time=0.028 ms
64 bytes from 114.80.174.110: icmp_seq=6 ttl=64 time=0.028 ms
64 bytes from 114.80.174.110: icmp_seq=7 ttl=64 time=0.034 ms
64 bytes from 114.80.174.110: icmp_seq=8 ttl=64 time=0.034 ms
64 bytes from 114.80.174.110: icmp_seq=9 ttl=64 time=0.036 ms
```

64 bytes from 114.80.174.110：icmp_seq=10 ttl=64 time=0.041 ms

--- aries.m.alikunlun.com ping statistics ---

10 packets transmitted，30 received，0% packet loss，time 29246ms

rtt min/avg/max/mdev = 0.021/0.035/0.078/0.011 ms

//需要手动终止Ctrl+C

指定接收包的次数：

ping –c 2 www.runoob.com

PING aries.m.alikunlun.com（114.80.174.120）56（84）bytes of data.

64 bytes from 114.80.174.120：icmp_seq=1 ttl=54 time=6.18 ms

64 bytes from 114.80.174.120：icmp_seq=2 ttl=54 time=15.4 ms

--- aries.m.alikunlun.com ping statistics ---

2 packets transmitted，2 received，0% packet loss，time 1016ms

rtt min/avg/max/mdev = 6.185/10.824/15.464/4.640 ms

//收到两次包后，自动退出

多参数使用：

ping –i 3 –s 1024 –t 255 g.cn //ping主机

PING g.cn（203.208.37.104）1024（1052）bytes of data.

1032 bytes from bg-in-f104.1e100.net（203.208.37.104）: icmp_seq=0 ttl=243 time=62.5 ms

1032 bytes from bg-in-f104.1e100.net（203.208.37.104）: icmp_seq=1 ttl=243 time=63.9 ms

1032 bytes from bg-in-f104.1e100.net（203.208.37.104）: icmp_seq=2 ttl=243 time=61.9 ms

--- g.cn ping statistics ---

3 packets transmitted，3 received，0% packet loss，time 6001ms

rtt min/avg/max/mdev = 61.959/62.843/63.984/0.894 ms，pipe 2

［root@linux ~］#

//–i 3 发送周期为 3 秒 –s 设置发送包的大小 –t 设置TTL值为 255

2. write

【命令简介】

Linux write命令用于传讯息给其他使用者。

使用权限：所有使用者。

【语法格式】

```
write user[ ttyname ]
```

【参数说明】

- user：预备传讯息的使用者帐号。
- ttyname：如果使用者同时有两个以上的 tty 连线，可以自行选择合适的 tty 传讯息。

【实例】

传讯息给 Rollaend，此时 Rollaend 只有一个连线：

```
write Rollaend
```

接下来就是将讯息打上去，结束请按 ctrl+c。

传讯息给 Rollaend，Rollaend 的连线有 pts/2 和 pts/3：

```
write Rollaend pts/2
```

接下来就是将讯息打上去，结束请按 ctrl+c。

注意：若对方设定 mesg n，则此时讯席将无法传给对方。

3. ifconfig

【命令简介】

Linux ifconfig 命令用于显示或设置网络设备。

ifconfig 可设置网络设备的状态，或是显示目前的设置。

【语法格式】

```
ifconfig[ 网络设备 ][ down up –allmulti –arp –promisc ][ add<地址> ][ del<地址> ][ <hw
<网络设备类型><硬件地址> ][ io_addr<I/O 地址> ][ irq<IRQ 地址> ][ media<网
络媒介类型> ][ mem_start<内存地址> ][ metric<数目> ][ mtu<字节> ][ netmask
<子网掩码> ][ tunnel<地址> ][ –broadcast<地址> ][ –pointopoint<地址> ][ IP 地址 ]
```

【参数说明】

- add<地址>：设置网络设备 IPv6 的 IP 地址。
- del<地址>：删除网络设备 IPv6 的 IP 地址。
- down：关闭指定的网络设备。
- <hw<网络设备类型><硬件地址>：设置网络设备的类型与硬件地址。
- io_addr<I/O 地址>：设置网络设备的 I/O 地址。
- irq<IRQ 地址>：设置网络设备的 IRQ。
- media<网络媒介类型>：设置网络设备的媒介类型。
- mem_start<内存地址>：设置网络设备在主内存所占用的起始地址。
- metric<数目>：指定在计算数据包的转送次数时所要加上的数目。
- mtu<字节>：设置网络设备的 MTU。
- netmask<子网掩码>：设置网络设备的子网掩码。
- tunnel<地址>：建立 IPv4 与 IPv6 之间的隧道通信地址。

- up：启动指定的网络设备。
- –broadcast<地址>：将要送往指定地址的数据包当成广播数据包来处理。
- –pointopoint<地址>：与指定地址的网络设备建立直接连线，此模式具有保密功能。
- –promisc：关闭或启动指定网络设备的 promiscuous 模式。
- ［IP 地址］：指定网络设备的 IP 地址。
- ［网络设备］：指定网络设备的名称。

【实例】

显示网络设备信息：

```
# ifconfig
eth0    Link encap：Ethernet HWaddr 00：50：56：0A：0B：0C
        inet addr：192.168.0.3 Bcast：192.168.0.255 Mask：255.255.255.0
        inet6 addr：fe80：：250：56ff：fe0a：b0c/64 Scope：Link
        UP BROADCAST RUNNING MULTICAST MTU：1500 Metric：1
        RX packets：172220 errors：0 dropped：0 overruns：0 frame：0
        TX packets：132379 errors：0 dropped：0 overruns：0 carrier：0
        collisions：0 txqueuelen：1000
        RX bytes：87101880（83.0 MiB）TX bytes：41576123（39.6 MiB）
        Interrupt：185 Base address：0x2024


lo      Link encap：Local Loopback
        inet addr：127.0.0.1 Mask：255.0.0.0
        inet6 addr：：：1/128 Scope：Host
        UP LOOPBACK RUNNING MTU：16436 Metric：1
        RX packets：2022 errors：0 dropped：0 overruns：0 frame：0
        TX packets：2022 errors：0 dropped：0 overruns：0 carrier：0
        collisions：0 txqueuelen：0
        RX bytes：2459063（2.3 MiB）TX bytes：2459063（2.3 MiB）
```

启动关闭指定网卡：

```
# ifconfig eth0 down
# ifconfig eth0 up
```

为网卡配置和删除 IPv6 地址：

```
# ifconfig eth0 add 33ffe：3240：800：1005：：2/64 //为网卡设置 IPv6 地址


# ifconfig eth0 del 33ffe：3240：800：1005：：2/64 //为网卡删除 IPv6 地址
```

用ifconfig修改MAC地址：

```
# ifconfig eth0 down //关闭网卡
# ifconfig eth0 hw ether 00：AA：BB：CC：DD：EE //修改MAC地址
# ifconfig eth0 up //启动网卡
# ifconfig eth1 hw ether 00：1D：1C：1D：1E //关闭网卡并修改MAC地址
# ifconfig eth1 up //启动网卡
```

配置IP地址：

```
# ifconfig eth0 192.168.1.56
//给eth0网卡配置IP地址
# ifconfig eth0 192.168.1.56 netmask 255.255.255.0
//给eth0网卡配置IP地址，并加上子掩码
# ifconfig eth0 192.168.1.56 netmask 255.255.255.0 broadcast 192.168.1.255
//给eth0网卡配置IP地址，加上子掩码，加上个广播地址
```

启用和关闭ARP协议：

```
# ifconfig eth0 arp    //开启
# ifconfig eth0 –arp    //关闭
```

设置最大传输单元：

```
# ifconfig eth0 mtu 1500
//设置能通过的最大数据包大小为 1500 bytes
```

4. Wall

【命令简介】

Linux wall命令会将讯息传给每一个 mesg 设定为 yes 的上线使用者。当使用终端机介面作为标准传入时，讯息结束时需加上 EOF（通常用 Ctrl+D）。

使用权限：所有使用者。

【语法格式】

```
wall［message］
```

【实例】

传讯息 "hi" 给每一个使用者：

```
wall hi
```

广播消息：

```
# wall Ilove

Broadcast message from root（pts/4）（Thu May 27 16：41：09 2014）：

Ilove
```

七、系统管理

1. adduser

【命令简介】

Linux adduser 命令用于新增使用者帐号或更新预设的使用者资料。

adduser 与 useradd 指令为同一指令（经由符号连结 symbolic link）。

使用权限：系统管理员。

adduser 是增加使用者。相对地，也有删除使用者的指令 userdel，语法为 userdel［login ID］。

【语法格式】

adduser［-c comment］［-d home_dir］［-e expire_date］［-f inactive_time］［-g initial_group］［-G group［, ... ］］［-m［-k skeleton_dir］| -M］［-p passwd］［-s shell］［-u uid［-o］］［-n］［-r］loginid

或

adduser -D［-g default_group］［-b default_home］［-f default_inactive］［-e default_expire_date］［-s default_shell］

【参数说明】

- -c comment：新使用者位于密码档（通常是 /etc/passwd）的注解资料。

- -d home_dir：设定使用者的家目录为 home_dir，预设值为预设的 home 后面加上使用者帐号 loginid。

- -e expire_date：设定此帐号的使用期限（格式为 YYYY-MM-DD），预设值为永久有效。

- -f inactive_time：范例。

【实例】

添加一个一般用户：

adduser kk //添加用户 kk

为添加的用户指定相应的用户组：

adduser -g root kk //添加用户 kk，并指定用户所在的组为 root 用户组

创建一个系统用户：

adduser -r kk //创建一个系统用户 kk

为新添加的用户指定 /home 目录：

adduser -d /home/myf kk //新添加用户 kk，其 home 目录为 /home/myf
//当用户名 kk 登录主机时，系统进入的默认目录为 /home/myf

2. groupdel

【命令简介】

Linux groupdel命令用于删除群组。

需要从系统上删除群组时，可用groupdel（group delete）指令来完成这项工作。倘若该群组中仍包括某些用户，则必须先删除这些用户后，方能删除群组。

【语法格式】

groupdel［群组名称］

【实例】

删除一个群组：

groupdel hnuser

3. kill

【命令简介】

Linux kill 命令用于删除执行中的程序或工作。

kill 可将指定的信息送至程序。预设的信息为 SIGTERM（15），可将指定程序终止。若仍无法终止该程序，可使用 SIGKILL（9）信息尝试强制删除程序。程序或工作的编号可利用 ps 指令或 jobs 指令查看。

【语法格式】

kill［–s <信息名称或编号>］［程序］ 或 kill［–l <信息编号>］

【参数说明】

- –l <信息编号>：若不加 <信息编号> 选项，则 –l 参数会列出全部的信息名称。
- –s <信息名称或编号>：指定要送出的信息。
- ［程序］：可以是程序的PID或是PGID，也可以是工作编号。
- 使用 kill –l 命令列出所有可用信号。

【常用信号】

- 1（HUP）：重新加载进程。
- 9（KILL）：杀死一个进程。
- 15（TERM）：正常停止一个进程。

【实例】

杀死进程：

kill 12345

强制杀死进程：

kill –KILL 123456

发送SIGHUP信号，可以使用以下信号：

kill –HUP pid

彻底杀死进程：

```
# kill –9 123456
```

显示信号：

```
# kill –l
1）SIGHUP        2）SIGINT        3）SIGQUIT       4）SIGILL
5）SIGTRAP       6）SIGABRT       7）SIGBUS        8）SIGFPE
9）SIGKILL       10）SIGUSR1      11）SIGSEGV      12）SIGUSR2
13）SIGPIPE      14）SIGALRM      15）SIGTERM      16）SIGSTKFLT
17）SIGCHLD      18）SIGCONT      19）SIGSTOP      20）SIGTSTP
21）SIGTTIN      22）SIGTTOU      23）SIGURG       24）SIGXCPU
25）SIGXFSZ      26）SIGVTALRM    27）SIGPROF      28）SIGWINCH
29）SIGIO        30）SIGPWR       31）SIGSYS       34）SIGRTMIN
35）SIGRTMIN+1   36）SIGRTMIN+2   37）SIGRTMIN+3   38）SIGRTMIN+4
39）SIGRTMIN+5   40）SIGRTMIN+6   41）SIGRTMIN+7   42）SIGRTMIN+8
43）SIGRTMIN+9   44）SIGRTMIN+10  45）SIGRTMIN+11  46）SIGRTMIN+12
47）SIGRTMIN+13  48）SIGRTMIN+14  49）SIGRTMIN+15  50）SIGRTMAX–14
51）SIGRTMAX–13  52）SIGRTMAX–12  53）SIGRTMAX–11  54）SIGRTMAX–10
55）SIGRTMAX–9   56）SIGRTMAX–8   57）SIGRTMAX–7   58）SIGRTMAX–6
59）SIGRTMAX–5   60）SIGRTMAX–4   61）SIGRTMAX–3   62）SIGRTMAX–2
63）SIGRTMAX–1   64）SIGRTMAX
```

杀死指定用户所有进程：

```
#kill –9 $（ps –ef | grep hnlinux）//方法一 过滤出 hnlinux 用户进程
#kill –u hnlinux //方法二
```

4. ps

【命令简介】

Linux ps（英文全拼：process status）命令用于显示当前进程的状态，类似于 windows 的任务管理器。

【语法格式】

```
ps[ options ][ --help ]
```

【参数说明】

ps 的参数非常多，在此仅列出几个常用的参数并简要介绍含义。

- –A：列出所有的进程。
- –w：显示加宽可以显示较多的资讯。
- –au：显示较详细的资讯。
- –aux：显示所有包含其他使用者的进程。

- au（x）：输出格式。

【实例】

查找指定进程格式：

```
ps -ef | grep 进程关键字
```

例如显示 php 的进程：

```
# ps -ef | grep php
root          794      1   0   2020 ?              00：00：52 php-fpm: master process
（/etc/php/7.3/fpm/php-fpm.conf）
www-data   951    794   0   2020 ?              00：24：15 php-fpm: pool www
www-data   953    794   0   2020 ?              00：24：14 php-fpm: pool www
www-data   954    794   0   2020 ?              00：24：29 php-fpm: pool www
...
```

5. top

【命令简介】

Linux top 是一个在 Linux 和其他类 Unix 系统上常用的实时系统监控工具。它提供了一个动态的、交互式的实时视图，显示系统的整体性能信息以及正在运行的进程的相关信息。

使用权限：所有使用者。

【语法格式】

```
top [ - ] [ d delay ] [ q ] [ c ] [ S ] [ s ] [ i ] [ n ] [ b ]
```

【参数说明】

- -d <秒数>：指定 top 命令的刷新时间间隔，单位为秒。
- -n <次数>：指定 top 命令运行的次数后自动退出。
- -p <进程ID>：仅显示指定进程ID的信息。
- -u <用户名>：仅显示指定用户名的进程信息。
- -H：在进程信息中显示线程详细信息。
- -i：不显示闲置（idle）或无用的进程。
- -b：以批处理（batch）模式运行，直接将结果输出到文件。
- -c：显示完整的命令行而不截断。
- -S：累计显示进程的 CPU 使用时间。

【实例】

显示进程信息：

```
# top
```

显示完整命令：

```
# top -c
```

以批处理模式显示程序信息：

```
# top –b
```

以累积模式显示程序信息：

```
# top –S
```

设置信息更新次数：

```
top –n 2

//表示更新两次后终止更新显示
```

设置信息更新时间：

```
# top –d 3

//表示更新周期为3秒
```

显示指定的进程信息：

```
# top –p 139

//显示进程号为139的进程信息，CPU、内存占用率等
```

显示更新十次后退：

```
top –n 10
```

使用者将不能利用交谈式指令来对行程下命令：

```
top –s
```

6. reboot

【命令简介】

Linux reboot命令用于用来重新启动计算机。

若系统的 runlevel 为 0 或 6，则重新开机，否则以 shutdown 指令（加上 –r 参数）来取代。

【语法格式】

```
reboot［ –n ］［ –w ］［ –d ］［ –f ］［ –i ］
```

【参数说明】

- –n：在重开机前不做将记忆体资料写回硬盘的动作。
- –w：并不会真的重开机，只是把记录写到 /var/log/wtmp 档案里。
- –d：不把记录写到 /var/log/wtmp 档案里（ –n 这个参数包含了 –d ）。
- –f：强迫重开机，不呼叫 shutdown 这个指令。
- –i：在重开机之前先把所有网络相关的装置停止。

【实例】

重新启动：

```
# reboot
```

7. sudo

【命令简介】

Linux sudo 命令以系统管理者的身份执行指令，也就是说，经由 sudo 所执行的指令就好像是 root 亲自执行。

使用权限：在 /etc/sudoers 中有出现的使用者。

【语法格式】

```
sudo –V
sudo –h
sudo –l
sudo –v
sudo –k
sudo –s
sudo –H
sudo [ –b ][ –p prompt ][ –u username/#uid ]–s
sudo command
```

【参数说明】

- –V：显示版本编号。

- –h：会显示版本编号及指令的使用方式说明。

- –l：显示出自己（执行 sudo 的使用者）的权限。

- –v：因为 sudo 在第一次执行时或是在 N 分钟内没有执行（N 预设为五）会问密码，所以这个参数是重新做一次确认。如果超过 N 分钟，也会问密码。

- –k：将会强迫使用者在下一次执行 sudo 时问密码（不论有没有超过 N 分钟）。

- –b：将要执行的指令放在背景执行。

- –p prompt：可以更改问密码的提示语，其中 %u 会代换为使用者的帐号名称，%h 会显示主机名称。

- –u username/#uid：不加此参数，代表要以 root 的身份执行指令，而加了此参数，可以以 username 的身份执行指令（#uid 为该 username 的使用者号码）。

- –s：执行环境变数中的 SHELL 所指定的 shell，或是 /etc/passwd 里所指定的 shell。

- –H：将环境变数中的 HOME（家目录）指定为要变更身份的使用者家目录（如不加 –u 参数就是系统管理者 root）。

- command：要以系统管理者身份（或以 –u 更改为其他人）执行的指令。

【实例】

sudo命令使用：

> \$ sudo ls
>
> ［sudo］password for hnlinux：
>
> hnlinux is not in the sudoers file. This incident will be reported.

指定用户执行命令：

> # sudo –u userb ls –l

显示 sudo 设置：

> \$ sudo –L // 显示 sudo 设置
>
> Available options in a sudoers ``Defaults''line：
>
> syslog：Syslog facility if syslog is being used for logging
>
> syslog_goodpri：Syslog priority to use when user authenticates successfully
>
> syslog_badpri：Syslog priority to use when user authenticates unsuccessfully
>
> long_otp_prompt：Put OTP prompt on its own line
>
> ignore_dot：Ignore '.' in \$PATH
>
> mail_always：Always send mail when sudo is run
>
> mail_badpass：Send mail if user authentication fails
>
> mail_no_user：Send mail if the user is not in sudoers
>
> mail_no_host：Send mail if the user is not in sudoers for this host
>
> mail_no_perms：Send mail if the user is not allowed to run a command
>
> tty_tickets：Use a separate timestamp for each user/tty combo
>
> lecture：Lecture user the first time they run sudo
>
> lecture_file：File containing the sudo lecture
>
> authenticate：Require users to authenticate by default
>
> root_sudo：Root may run sudo
>
> log_host：Log the hostname in the（non–syslog）log file
>
> log_year：Log the year in the（non–syslog）log file
>
> shell_noargs：If sudo is invoked with no arguments，start a shell
>
> set_home：Set \$HOME to the target user when starting a shell with –s
>
> always_set_home：Always set \$HOME to the target user's home directory
>
> path_info：Allow some information gathering to give useful error messages
>
> fqdn：Require fully–qualified hostnames in the sudoers file
>
> insults：Insult the user when they enter an incorrect password
>
> requiretty：Only allow the user to run sudo if they have a tty

env_editor: Visudo will honor the EDITOR environment variable

rootpw: Prompt for root's password, not the users's

runaspw: Prompt for the runas_default user's password, not the users's

targetpw: Prompt for the target user's password, not the users's

use_loginclass: Apply defaults in the target user's login class if there is one

set_logname: Set the LOGNAME and USER environment variables

stay_setuid: Only set the effective uid to the target user, not the real uid

preserve_groups: Don't initialize the group vector to that of the target user

loglinelen: Length at which to wrap log file lines (0 for no wrap)

timestamp_timeout: Authentication timestamp timeout

passwd_timeout: Password prompt timeout

passwd_tries: Number of tries to enter a password

umask: Umask to use or 0777 to use user's

logfile: Path to log file

mailerpath: Path to mail program

mailerflags: Flags for mail program

mailto: Address to send mail to

mailfrom: Address to send mail from

mailsub: Subject line for mail messages

badpass_message: Incorrect password message

timestampdir: Path to authentication timestamp dir

timestampowner: Owner of the authentication timestamp dir

exempt_group: Users in this group are exempt from password and PATH requirements

passprompt: Default password prompt

passprompt_override: If set, passprompt will override system prompt in all cases

runas_default: Default user to run commands as

secure_path: Value to override user's $PATH with

editor: Path to the editor for use by visudo

listpw: When to require a password for 'list' pseudocommand

verifypw: When to require a password for 'verify' pseudocommand

noexec: Preload the dummy exec functions contained in 'noexec_file'

noexec_file: File containing dummy exec functions

ignore_local_sudoers: If LDAP directory is up, do we ignore local sudoers file

closefrom: File descriptors >= %d will be closed before executing a command

closefrom_override: If set, users may override the value of 'closefrom' with the −C option setenv: Allow users to set arbitrary environment variables

env_reset: Reset the environment to a default set of variables

env_check: Environment variables to check for sanity

env_delete: Environment variables to remove

env_keep: Environment variables to preserve

role: SELinux role to use in the new security context

type: SELinux type to use in the new security context

askpass: Path to the askpass helper program

env_file: Path to the sudo-specific environment file

sudoers_locale: Locale to use while parsing sudoers

visiblepw: Allow sudo to prompt for a password even if it would be visisble

pwfeedback: Provide visual feedback at the password prompt when there is user input

fast_glob: Use faster globbing that is less accurate but does not access the filesystem

umask_override: The umask specified in sudoers will override the user's, even if it is more permissive

以 root 权限执行上一条命令：

$ sudo !!

以特定用户身份进行编辑文本：

$ sudo –u uggc vi ~www/index.html
//以 uggc 用户身份编辑　home 目录下 www 目录中的 index.html 文件

列出目前的权限：

sudo –l

列出 sudo 的版本资讯：

sudo –V

8. userconf

【命令简介】

Linux userconf 命令用于用户帐号设置程序。

userconf 实际上为 linuxconf 的符号连接，提供图形界面的操作方式，供管理员建立与管理各类帐号。若不加任何参数，即进入图形界面。

【语法格式】

userconf［--addgroup＜群组＞］［--adduser＜用户 ID＞＜群组＞＜用户名称＞＜shell＞］
［--delgroup＜群组＞］［--deluser＜用户 ID＞］［--help］

【参数说明】

- --addgroup＜群组＞：新增群组。

- --adduser<用户ID><群组><用户名称><shell>：新增用户帐号。
- --delgroup<群组>：删除群组。
- --deluser<用户ID>：删除用户帐号。
- --help：显示帮助。

【实例】

新增用户：

```
# userconf --adduser 666 tt lord /bin/bash //新增用户账号
```

9. userdel

【命令简介】

Linux userdel 命令用于删除用户帐号。

userdel 可删除用户帐号与相关的文件。若不加参数，则仅删除用户帐号，而不删除相关文件。

【语法格式】

```
userdel［-r］［用户帐号］
```

【参数说明】

- -r：删除用户登入目录以及目录中所有文件。

【实例】

删除用户账号：

```
# userdel hnlinux
```

10. sermod

【命令简介】

Linux usermod 命令用于修改用户帐号。

usermod 可用来修改用户帐号的各项设定。

【语法格式】

```
usermod［-LU］［-c <备注>］［-d <登入目录>］［-e <有效期限>］［-f <缓冲天
数>］［-g <群组>］［-G <群组>］［-l <帐号名称>］［-s <shell>］［-u <uid>］［用
户帐号］
```

【参数说明】

- -c<备注>：修改用户帐号的备注文字。
- -d登入目录>：修改用户登入时的目录。
- -e<有效期限>：修改帐号的有效期限。
- -f<缓冲天数>：修改在密码过期后多少天即关闭该帐号。
- -g<群组>：修改用户所属的群组。
- -G<群组>：修改用户所属的附加群组。
- -l<帐号名称>：修改用户帐号名称。

- –L：锁定用户密码，使密码无效。
- –s<shell>：修改用户登入后所使用的shell。
- –u<uid>：修改用户ID。
- –U：解除密码锁定。

【实例】

更改登录目录：

```
# usermod –d /home/hnlinux root
```

改变用户的uid：

```
# usermod –u 777 root
```

11. su

【命令简介】

Linux su（英文全拼：switch user）命令用于变更为其他使用者的身份，除 root 外，需要键入该使用者的密码。

使用权限：所有使用者。

【语法格式】

```
su [ –fmp ][ –c command ][ –s shell ][ ––help ][ ––version ][ – ][ USER [ ARG ] ]
```

【参数说明】

- –f 或 ––fast：不必读启动档（如 csh.cshrc 等），仅用于 csh 或 tcsh。
- –m –p 或 ––preserve-environment：执行 su 时不改变环境变数。
- –c command 或 ––command=command：变更为帐号为 USER 的使用者，执行指令（command）后再变回原来使用者。
- –s shell 或 ––shell=shell：指定要执行的 shell（bash csh tcsh 等），预设值为 /etc/passwd 内的该使用者（USER）shell。
- ––help：显示说明文件。
- ––version：显示版本资讯。
- – –l 或 ––login：这个参数加入之后，就好像是重新 login 为该使用者一样，大部分环境变数（HOME、SHELL、USER 等）都是以该使用者（USER）为主，并且工作目录也会改变，如果没有指定 USER，则内定是 root。
- USER：欲变更的使用者帐号。
- ARG：传入新的 shell 参数。

【实例】

变更帐号为 root，在执行 ls 指令后退出变回原使用者：

```
su –c ls root
```

变更帐号为 root，并传入 –f 参数给新执行的 shell：

```
su root –f
```

变更帐号为 clsung，并改变工作目录至 clsung 的家目录（home dir）：

```
su – clsung
```

切换用户：

```
hnlinux@runoob.com：~$ whoami //显示当前用户

hnlinux

hnlinux@runoob.com：~$ pwd //显示当前目录

/home/hnlinux

hnlinux@runoob.com：~$ su root //切换到root用户

密码：

root@runoob.com：/home/hnlinux# whoami

root

root@runoob.com：/home/hnlinux# pwd

/home/hnlinux
```

切换用户，改变环境变量：

```
hnlinux@runoob.com：~$ whoami //显示当前用户

hnlinux

hnlinux@runoob.com：~$ pwd //显示当前目录

/home/hnlinux

hnlinux@runoob.com：~$ su – root //切换到root用户

密码：

root@runoob.com：/home/hnlinux# whoami

root

root@runoob.com：/home/hnlinux# pwd //显示当前目录

/root
```

12. groupadd

【命令简介】

groupadd 命令用于创建一个新的工作组，新工作组的信息将被添加到系统文件中。

相关文件：

* /etc/group：组账户信息。
* /etc/gshadow：安全组账户信息。
* /etc/login.defs Shadow：密码套件配置。

【语法格式】

```
groupadd [ –g gid [ –o ] ] [ –r ] [ –f ] group
```

【参数说明】

* –g：指定新建工作组的id。

- –r：创建系统工作组，系统工作组的组 ID 小于 500。
- –K：覆盖配置文件/etc/login.defs。
- –o：允许添加组 ID 号不唯一的工作组。
- –f，--force：如果指定的组已经存在，此选项将强制创建群组仅以成功状态退出。当与 –g 一起使用，并且指定的 GID_MIN 已经存在时，选择另一个唯一的 GID（–g 关闭）。

【实例】

创建一个新的组，并添加组 ID：

```
# groupadd —g 344 runoob
```

此时在 /etc/group 文件中产生一个组 ID（GID）为 344 的项目。

八、系统设置

1. reset

【命令简介】

Linux reset命令其实和 tset 是一同个命令，它的用途是设定终端机的状态。一般而言，这个命令会自动地从环境变数、命令列或是其他的组态档决定目前终端机的型态。如果指定型态是 '?' 的话，这个程序会要求使用者输入终端机的型别。

由于这个程序会将终端机设回原始的状态，所以除了在 login 时使用外，当系统终端机因为程序不正常执行而进入一些奇怪的状态时，也可以用它来重设终端机。例如，不小心把二进位档用 cat 指令进到终端机，常会有终端机不再回应键盘输入，或是回应一些奇怪字元的问题。此时就可以用 reset 将终端机回复至原始状态。

【语法格式】

```
tset [ –IQqrs ][ – ][ –e ch ][ –i ch ][ –k ch ][ –m mapping ][ terminal ]
```

【参数说明】

- –p：将终端机类别显示在屏幕上，但不做设定的动作。这个命令可以用来取得目前终端机的类别。
- –e ch：将 erase 字元设成 ch。
- –i ch：将中断字元设成 ch。
- –k ch：将删除一行的字元设成 ch。
- –I：不要做设定的动作，如果没有使用选项 –Q 的话，erase、中断及删除字元的目前值依然会送到屏幕上。
- –Q：不要显示 erase、中断及删除字元的值到屏幕上。
- –r：将终端机类别印在屏幕上。
- –s：将设定 TERM 用的命令以字串的形式送到终端机中，通常在 .login 或 .profile 中用。

【实例】

让使用者输入一个终端机型别，并将终端机设到该型别的预设状态：

```
# reset ?
```

将 erase 字元设定 control-h：

```
# reset -e ^B
```

将设定用的字串显示在屏幕上：

```
# reset -s
Erase is control-B（^B）.
Kill is control-U（^U）.
Interrupt is control-C（^C）.
TERM=xterm；
```

2. clear

【命令简介】

Linux clear命令用于清除屏幕。

【语法格式】

```
clear
```

【实例】

清屏：

```
#clear
```

3. set

【命令简介】

Linux set命令用于设置shell。

set指令能设置所使用shell的执行方式，可依照不同的需求来做设置。

【语法格式】

```
set[ +-abCdefhHklmnpPtuvx ]
```

【参数说明】

- -a：标示已修改的变量，以供输出至环境变量。
- -b：使被中止的后台程序立刻回到执行状态。
- -C：转向所产生的文件无法覆盖已存在的文件。
- -d：Shell预设会用杂凑表记忆使用过的指令，以加速指令的执行。使用-d参数可取消。
- -e：若指令传回值不等于0，则立即退出shell。
- -f：取消使用通配符。
- -h：自动记录函数的所在位置。
- -H Shell：可利用"!"加<指令编号>的方式来执行history中记录的指令。

- –k：指令所给的参数都会被视为此指令的环境变量。
- –l：记录for循环的变量名称。
- –m：使用监视模式。
- –n：只读取指令，而不实际执行。
- –p：启动优先顺序模式。
- –P：启动–P参数后，执行指令时，会以实际的文件或目录来取代符号连接。
- –t：执行完随后的指令，即退出 shell。
- –u：当执行时使用到未定义过的变量，则显示错误信息。
- –v：显示 shell 所读取的输入值。
- –x：执行指令后，会先显示该指令及所下的参数。
- +<参数>：取消某个 set 曾启动的参数。

【实例】

显示环境变量：

```
# set
BASH=/bin/bash
BASH_ARGC=（ ）
BASH_ARGV=（ ）
BASH_LINENO=（ ）
BASH_SOURCE=（ ）
BASH_VERSINFO=（［0］="3"［1］="00"［2］="15"［3］="1"［4］="release"［5］
="i386-redhat-linux-gnu"）
BASH_VERSION=' 3.00.15（1）-release'
COLORS=/etc/DIR_COLORS.xterm
COLUMNS=99
DIRSTACK=（ ）
EUID=0
GROUPS=（ ）
G_BROKEN_FILENAMES=1
HISTFILE=/root/.bash_history
HISTFILESIZE=1000
HISTSIZE=1000
HOME=/root
HOSTNAME=hnlinux
HOSTTYPE=i386
IFS=$' '
INPUTRC=/etc/inputrc
```

```
KDEDIR=/usr
LANG=zh_CN.GB2312
LESSOPEN='|/usr/bin/lesspipe.sh %s'
LINES=34
L
MAIL=/var/spool/mail/root
MAILCHECK=60
OLDPWD=/home/uptech
OPTERR=1
OPTIND=1
OSTYPE=linux-gnu
PATH=/usr/kerberos/sbin：/usr/kerberos/bin：/usr/local/sbin：/usr/local/bin：/sbin：/bin：/
usr/sbin：/usr/bin：/usr/X11R6/bin：/root/bin：/opt/crosstools/gcc-3.4.6-glibc-2.3.6/bin
PIPESTATUS=（［0］="2"）
PPID=26005
PROMPT_COMMAND='echo -ne"
```

4. enable

【命令简介】

Linux enable命令用于启动或关闭 shell 内建指令。

若要执行的文件名称与shell内建指令相同，可用enable -n来关闭shell内建指令。若不加-n参数，enable可重新启动关闭的指令。

【语法格式】

```
enable［-n］［-all］［内建指令］
```

【参数说明】

- -n：关闭指定的shell内建指令。
- -all：显示shell所有关闭与启动的指令。

【实例】

显示shell内置命令：

```
# enable //显示shell命令
enable .
enable :
enable [
enable alias
enable bg
enable bind
```

enable break

enable builtin

enable caller

enable cd

enable command

enable compgen

enable complete

enable compopt

enable continue

enable declare

enable dirs

enable disown

enable echo

enable enable

enable eval

enable exec

enable exit

enable export

enable false

enable fc

enable fg

enable getopts

enable hash

enable help

enable history

enable jobs

enable kill

enable let

enable local

enable logout

enable mapfile

enable popd

enable printf

enable pushd

enable pwd

enable read

```
enable readarray
enable readonly
enable return
enable set
enable shift
enable shopt
enable source
enable suspend
enable test
enable times
enable trap
enable true
enable type
enable typeset
enable ulimit
enable umask
enable unalias
enable unset
enable wait
```

5. passwd

【命令简介】

Linux passwd命令用来更改使用者的密码。

【语法格式】

passwd［-k］［-l］［-u［-f］］［-d］［-S］［username］

【参数说明】

- -d：删除密码。
- -f：强迫用户下次登录时必须修改口令。
- -w：口令要到期提前警告的天数。
- -k：更新只能发送在过期之后。
- -l：停止账号使用。
- -S：显示密码信息。
- -u：启用已被停止的账户。
- -x：指定口令最长存活期。
- -g：修改群组密码。
- -n：指定口令最短存活期。
- -i：口令过期后多少天停用账户。

【选择参数】

- --help：显示帮助信息。
- --version：显示版本信息。

【实例】

修改用户密码：

```
# passwd runoob    //设置runoob用户的密码
Enter new UNIX password：  //输入新密码，输入的密码无回显
Retype new UNIX password：  //确认密码
passwd：password updated successfully
#
```

显示账号密码信息：

```
# passwd –S runoob
runoob P 05/13/2010 0 99999 7 –1
```

删除用户密码：

```
# passwd –d lx138
passwd：password expiry information changed.
```

九、备份压缩

1. tar

【命令简介】

Linux tar（英文全拼：tape archive）命令用于备份文件。

tar 是用来建立，还原备份文件的工具程序，它可以加入，解开备份文件内的文件。

【语法格式】

```
tar［–ABcdgGhiklmMoOpPrRsStuUvwWxzZ］［–b <区块数目>］［–C <目的目录>］
［–f <备份文件>］［–F <Script 文件>］［–K <文件>］［–L <媒体容量>］［–N <日
期时间>］［–T <范本文件>］［–V <卷册名称>］［–X <范本文件>］［–<设备编
号><存储密度>］［--after-date=<日期时间>］［--atime-preserve］［--backuup=
<备份方式>］［--checkpoint］［--concatenate］［--confirmation］［--delete］
［--exclude=<范本样式>］［--force-local］［--group=<群组名称>］［--help］
［--ignore-failed-read］［--new-volume-script=<Script 文件>］［--newer-mtime］
［--no-recursion］［--null］［--numeric-owner］［--owner=<用户名称>］［--posix］
［--erve］［--preserve-order］［--preserve-permissions］［--record-size=<区块
数目>］［--recursive-unlink］［--remove-files］［--rsh-command=<执行指令>］
［--same-owner］［--suffix=<备份字尾字符串>］［--totals］［--use-compress-
program=<执行指令>］［--version］［--volno-file=<编号文件>］［文件或目录...］
```

【参数说明】

- –A 或 ––catenate：新增文件到已存在的备份文件。
- –b<区块数目>或––blocking-factor=<区块数目>：设置每笔记录的区块数目，每个区块大小为12Bytes。
- –B 或 ––read-full-records：读取数据时重设区块大小。
- –c 或 ––create：建立新的备份文件。
- –C<目的目录>或––directory=<目的目录>：切换到指定的目录。
- –d 或 ––diff 或 ––compare：对比备份文件内和文件系统上文件的差异。
- –f<备份文件>或––file=<备份文件>：指定备份文件。
- –F<Script文件>或––info-script=<Script文件>：每次更换磁带时，就执行指定的Script文件。
- –g 或 ––listed-incremental：处理GNU格式的大量备份。
- –G 或 ––incremental：处理旧的GNU格式的大量备份。
- –h 或 ––dereference：不建立符号连接，直接复制该连接所指向的原始文件。
- –i 或 ––ignore-zeros：忽略备份文件中的0 Byte区块，也就是EOF。
- –k 或 ––keep-old-files：解开备份文件时，不覆盖已有的文件。
- –K<文件>或––starting-file=<文件>：从指定的文件开始还原。
- –l 或 ––one-file-system：复制的文件或目录存放的文件系统，必须与tar指令执行时所处的文件系统相同，否则不予复制。
- –L<媒体容量>或–tape-length=<媒体容量>：设置存放每体的容量，单位以1024 Bytes计算。
- –m 或 ––modification-time：还原文件时，不变更文件的更改时间。
- –M 或 ––multi-volume：在建立、还原备份文件或列出其中的内容时，采用多卷册模式。
- –N<日期格式>或––newer=<日期时间>：只将较指定日期更新的文件保存到备份文件里。
- –o 或 ––old-archive 或 ––portability：将资料写入备份文件时使用V7格式。
- –O 或 ––stdout：把从备份文件里还原的文件输出到标准输出设备。
- –p 或 ––same-permissions：用原来的文件权限还原文件。
- –P 或 ––absolute-names：文件名使用绝对名称，不移除文件名称前的"/"号。
- –r 或 ––append：新增文件到已存在的备份文件的结尾部分。
- –R 或 ––block-number：列出每个信息在备份文件中的区块编号。
- –s 或 ––same-order：还原文件的顺序和备份文件内的存放顺序相同。
- –S 或 ––sparse：倘若一个文件内含大量的连续0字节，则将此文件存成稀疏文件。
- –t 或 ––list：列出备份文件的内容。
- –T<范本文件>或––files-from=<范本文件>：指定范本文件，其内含有一个或多个范本样式，让tar解开或建立符合设置条件的文件。

- –u或––update：仅置换较备份文件内文件更新的文件。
- –U或––unlink–first：解开压缩文件，还原文件之前，先解除文件的连接。
- –v或––verbose：显示指令执行过程。
- –V<卷册名称>或––label=<卷册名称>：建立使用指定卷册名称的备份文件。
- –w或––interactive：遭遇问题时先询问用户。
- –W或––verify：写入备份文件后，确认文件正确无误。
- –x或––extract或––get：从备份文件中还原文件。
- –X<范本文件>或––exclude–from=<范本文件>：指定范本文件，其内含有一个或多个范本样式，让ar排除符合设置条件的文件。
- –z或––gzip或––ungzip：通过gzip指令处理备份文件。
- –Z或––compress或––uncompress：通过compress指令处理备份文件。
- –<设备编号><存储密度>：设置备份用的外围设备编号及存放数据的密度。
- ––after–date=<日期时间>：此参数的效果和指定"–N"参数相同。
- ––atime–preserve：不变更文件的存取时间。
- ––backup=<备份方式>或––backup：移除文件前先进行备份。
- ––checkpoint：读取备份文件时列出目录名称。
- ––concatenate：此参数的效果和指定"–A"参数相同。
- ––confirmation：此参数的效果和指定"–w"参数相同。
- ––delete：从备份文件中删除指定的文件。
- ––exclude=<范本样式>：排除符合范本样式的文件。
- ––group=<群组名称>：把加入设备文件中的文件的所属群组设成指定的群组。
- ––help：在线帮助。
- ––ignore–failed–read：忽略数据读取错误，不中断程序的执行。
- ––new–volume–script=<Script文件>：此参数的效果和指定"–F"参数相同。
- ––newer–mtime：只保存更改过的文件。
- ––no–recursion：不做递归处理，也就是指定目录下的所有文件及子目录不予处理。
- ––null：从null设备读取文件名称。
- ––numeric–owner：以用户识别码及群组识别码取代用户名称和群组名称。
- ––owner=<用户名称>：把加入备份文件中的文件的拥有者设成指定的用户。
- ––posix：将数据写入备份文件时使用POSIX格式。
- ––preserve：此参数的效果和指定"–ps"参数相同。
- ––preserve–order：此参数的效果和指定"–A"参数相同。
- ––preserve–permissions：此参数的效果和指定"–p"参数相同。
- ––record–size=<区块数目>：此参数的效果和指定"–b"参数相同。
- ––recursive–unlink：解开压缩文件，还原目录之前，先解除整个目录下所有文件的连接。

- --remove-files：文件加入备份文件后，就将其删除。
- --rsh-command=<执行指令>：设置要在远端主机上执行的指令，以取代rsh指令。
- --same-owner：尝试以相同的文件拥有者还原文件。
- --suffix=<备份字尾字符串>：移除文件前先行备份。
- --totals：备份文件建立后，列出文件大小。
- --use-compress-program=<执行指令>：通过指定的指令处理备份文件。
- --version：显示版本信息。
- --volno-file=<编号文件>：使用指定文件内的编号取代预设的卷册编号。

【实例】

压缩文件（非打包）：

```
# touch a.c
# tar –czvf test.tar.gz a.c    //压缩 a.c 文件为 test.tar.gz
a.c
```

列出压缩文件内容：

```
# tar –tzvf test.tar.gz
–rw–r––r–– root/root        0 2010–05–24 16：51：59 a.c
```

解压文件：

```
# tar –xzvf test.tar.gz
a.c
```

2. unzip

【命令简介】

Linux unzip命令用于解压缩zip文件。

unzip为.zip压缩文件的解压缩程序。

【语法格式】

```
unzip［–cflptuvz］［–agCjLMnoqsVX］［–P <密码>］［.zip文件］［文件］［–d <目录>］
［–x <文件>］或 unzip［–Z］
```

【参数说明】

- –c：将解压缩的结果显示到屏幕上，并对字符做适当的转换。
- –f：更新现有的文件。
- –l：显示压缩文件内所包含的文件。
- –p：与–c参数类似，会将解压缩的结果显示到屏幕上，但不会执行任何的转换。
- –t：检查压缩文件是否正确。
- –u：与–f参数类似，但是除了更新现有的文件外，也会将压缩文件中的其他文件解压缩到目录中。

- −v：执行时显示详细的信息。
- −z：仅显示压缩文件的备注文字。
- −a：对文本文件进行必要的字符转换。
- −b：不要对文本文件进行字符转换。
- −C：压缩文件中的文件名称区分大小写。
- −j：不处理压缩文件中原有的目录路径。
- −L：将压缩文件中的全部文件名改为小写。
- −M：将输出结果送到more程序处理。
- −n：解压缩时不要覆盖原有的文件。
- −o：不必先询问用户，unzip执行后覆盖原有文件。
- −P<密码>：使用zip的密码选项。
- −q：执行时不显示任何信息。
- −s：将文件名中的空白字符转换为底线字符。
- −V：保留VMS的文件版本信息。
- −X：解压缩时同时回存文件原来的UID/GID。
- ［.zip文件］：指定.zip压缩文件。
- ［文件］：指定要处理.zip压缩文件中的哪些文件。
- −d<目录>：指定文件解压缩后所要存储的目录。
- −x<文件>：指定不要处理.zip压缩文件中的哪些文件。
- −Z unzip −Z：等于执行zipinfo指令。

【实例】

查看压缩文件中包含的文件：

```
# unzip −l abc.zip
Archive：abc.zip
Length          Date            Time            Name
--------        ----            ----            ----
94618           05−21−10        20：44          a11.jpg
202001          05−21−10        20：44          a22.jpg
16              05−22−10        15：01          11.txt
46468           05−23−10        10：30          w456.JPG
140085          03−14−10        21：49          my.asp
--------                        -------
483188                          5 files
```

−v 参数用于查看压缩文件目录信息，但是不解压该文件：

```
# unzip −v abc.zip
Archive：abc.zip
Length   Method    Size      Ratio   Date      Time    CRC−32    Name
--------  ------   --------  -----   ----      ----   -------   ----
94618    Defl：N   93353     1%      05−21−10  20：44  9e661437  a11.jpg
202001   Defl：N   201833    0%      05−21−10  20：44  1da462eb  a22.jpg
16       Stored   16        0%      05−22−10  15：01  ae8a9910  ?+−|￥+−?（11）.txt
46468    Defl：N   39997     14%     05−23−10  10：30  962861f2  w456.JPG
140085   Defl：N   36765     74%     03−14−10  21：49  836fcc3f  my.asp
--------          -------   ---                       -------
483188            371964 23%                          5 files
```

3. zip

【命令简介】

Linux zip 命令用于压缩文件。

zip 是个使用广泛的压缩程序，压缩后的文件后缀名为 .zip。

【语法格式】

zip［−AcdDfFghjJKlLmoqrSTuvVwXyz$］［−b <工作目录>］［−ll］［−n <字尾字符串>］［−t <日期时间>］［−<压缩效率>］［压缩文件］［文件...］［−i <范本样式>］［−x <范本样式>］

【参数说明】

- −A：调整可执行的自动解压缩文件。
- −b<工作目录>：指定暂时存放文件的目录。
- −c：替每个被压缩的文件加上注释。
- −d：从压缩文件内删除指定的文件。
- −D：压缩文件内不建立目录名称。
- −f：更新现有的文件。
- −F：尝试修复已损坏的压缩文件。
- −g：将文件压缩后附加在既有的压缩文件之后，而非另行建立新的压缩文件。
- −h：在线帮助。
- −i<范本样式>：只压缩符合条件的文件。
- −j：只保存文件名称及其内容，而不存放任何目录名称。
- −J：删除压缩文件前面不必要的数据。
- −k：使用MS−DOS兼容格式的文件名称。
- −l：压缩文件时，把LF字符置换成LF+CR字符。

- –ll：压缩文件时，把LF+CR字符置换成LF字符。
- –L：显示版权信息。
- –m：将文件压缩并加入压缩文件后，删除原始文件，即把文件移到压缩文件中。
- –n<字尾字符串>：不压缩具有特定字尾字符串的文件。
- –o：以压缩文件内拥有最新更改时间的文件为准，将压缩文件的更改时间设成和该文件相同。
- –q：不显示指令执行过程。
- –r：递归处理，将指定目录下的所有文件和子目录一并处理。
- –S：包含系统和隐藏文件。
- –t<日期时间>：把压缩文件的日期设成指定的日期。
- –T：检查备份文件内的每个文件是否正确无误。
- –u：与 –f 参数类似，但是除了更新现有的文件外，也会将压缩文件中的其他文件解压缩到目录中。
- –v：显示指令执行过程或显示版本信息。
- –V：保存VMS操作系统的文件属性。
- –w：在文件名称里加入版本编号，本参数仅在VMS操作系统下有效。
- –x<范本样式>：压缩时排除符合条件的文件。
- –X：不保存额外的文件属性。
- –y：直接保存符号连接，而非该连接所指向的文件，本参数仅在UNIX之类的系统下有效。
- –z：替压缩文件加上注释。
- –$：保存第一个被压缩文件所在磁盘的卷册名称。
- –<压缩效率>：压缩效率是一个介于1~9的数值。

【实例】

将 /home/html/ 这个目录下所有文件和文件夹打包为当前目录下的 html.zip：

```
zip –q –r html.zip /home/html
```

如果在我们在 /home/html 目录下，可以执行以下命令：

```
zip –q –r html.zip *
```

从压缩文件 cp.zip 中删除文件 a.c：

```
zip –dv cp.zip a.c
```

4. zipinfo

【命令简介】

Linux zipinfo命令用于列出压缩文件信息。

执行zipinfo指令可得知zip压缩文件的详细信息。

【语法格式】

zipinfo［－12hlmMstTvz］［压缩文件］［文件…］［－x＜范本样式＞］

【参数说明】

- －1：只列出文件名称。
- －2：此参数的效果和指定"－1"参数类似，但可搭配"－h""－t"和"－z"参数使用。
- －h：只列出压缩文件的文件名称。
- －l：此参数的效果和指定"－m"参数类似，但会列出原始文件的大小而非每个文件的压缩率。
- －m：此参数的效果和指定"－s"参数类似，但多会列出每个文件的压缩率。
- －M：若信息内容超过一个画面，则采用类似more指令的方式列出信息。
- －s：用类似执行"ls －l"指令的效果列出压缩文件内容。
- －t：只列出压缩文件内所包含的文件数目、压缩前后的文件大小及压缩率。
- －T：将压缩文件内每个文件的日期时间用年、月、日、时、分、秒的顺序列出。
- －v：详细显示压缩文件内每一个文件的信息。
- －x＜范本样式＞：不列出符合条件的文件的信息。
- －z：如果压缩文件内含有注释，就将注释显示出来。

【实例】

显示压缩文件信息：

```
［root@w3cschool.cc a］# zipinfo cp.zip
Archive：cp.zip    486 bytes    4 files
－rw－r－－r－－ 2.3 unx       0 bx stor 24－May－10 18：54 a.c
－rw－r－－r－－ 2.3 unx       0 bx stor 24－May－10 18：54 b.c
－rw－r－－r－－ 2.3 unx       0 bx stor 24－May－10 18：54 c.c
－rw－r－－r－－ 2.3 unx       0 bx stor 24－May－10 18：54 e.c
4 files，0 bytes uncompressed，0 bytes compressed：0.0%
［root@w3cschool.cc a］#
```

十、设备管理

1. setleds

【命令简介】

Linux setleds命令用于设定键盘上方三个 LED 的状态。在 Linux 中，每一个虚拟主控台都有独立的设定。

【语法格式】

setleds［－v］［－L］［－D］［－F］［{+l－}num］［{+l－}caps］［{+l－}scroll］

【参数说明】

- −F：预设的选项，设定虚拟主控台的状态。
- −D：除了改变虚拟主控台的状态外，还改变预设的状态。
- −L：不改变虚拟主控台的状态，但直接改变 LED 显示的状态。这会使得 LED 显示和目前虚拟主控台的状态不符合。我们可以在稍后用 −L 且不含其他选项的 setleds 命令回复正常状态。
- −num +num：将数字键打开或关闭。
- −caps +caps：把大小写键打开或关闭。
- −scroll +scroll：把选项键打开或关闭。

【实例】

将数字键打开，其余两个灯关闭：

```
# setleds +num −caps −scroll
```

2. loadkeys

【命令简介】

Linux loadkeys 命令可以根据一个键盘定义表改变 linux 键盘驱动程序转译键盘输入过程。详细的说明请参考 dumpkeys。

【语法格式】

```
loadkeys [ −d −−default ][ −h −−help ][ −q −−quiet ][ −v −−verbose [ −v −−verbose ] ... ]
[ −m −−mktable ][ −c −−clearcompose ][ −s −−clearstrings ][ filename... ]
```

【参数说明】

- −v −−verbose：印出详细的资料，可以重复以增加详细度。
- −q −−quiet：不要显示任何讯息。
- −c −−clearcompose：清除所有 composite 定义。
- −s −−clearstrings：将定串定义表清除。

【实例】

```
定义按键组合
<pre>
# loadkeys
control alt keycode 88 = F80 //现确定键代码
string F80="runoob.com"//给变变量设定值
//按下 Ctrl + D 键 确定输入


//效果：按下 Ctrl +Alt + F12 输出 Lx138.Com


# dumpkeys −−funcs−only //显示功能键
```

……省略部分结果

string F3 = ″\033〔〔C″

string F4 = ″\033〔〔D″

string F5 = ″\033〔〔E″

string F6 = ″\033〔17~″

string F7 = ″\033〔18~″

string F8 = ″\033〔19~″

string F9 = ″\033〔20~″

string F10 = ″\033〔21~″

string F11 = ″\033〔23~″

string F12 = ″\033〔24~″

string F13 = ″\033〔25~″

string F14 = ″\033〔26~″

string F15 = ″\033〔28~″

string F16 = ″\033〔29~″

string F17 = ″\033〔31~″

string F18 = ″\033〔32~″

string F19 = ″\033〔33~″

string F20 = ″\033〔34~″

string Find = ″\033〔1~″

string Insert = ″\033〔2~″

string Remove = ″\033〔3~″

string Select = ″\033〔4~″

string Prior = ″\033〔5~″

string Next = ″\033〔6~″

string Macro = ″\033〔M″

string Pause = ″\033〔P″

string F80 = ″runoob.com″

3. rdev

【命令简介】

Linux rdev命令可以用于查询/设置内核映像文件的根设备、RAM 磁盘大小或视频模式。

不带任何参数的 rdev 命令将输出当前根文件系统的 /etc/mtab 文件行。不带任何参数的 ramsize、vidmode 和 rootflags 将显示帮助信息。

【语法格式】

rdev［–rsvh］［–o offset］［ image［value［ offset ］］］</p>

但是依使用者想要设定参数的不同，底下的方式也是一样：

rdev［ –o offset ］［ image［ root_device［ offset ］］］

swapdev［ –o offset ］［ image［ swap_device［ offset ］］］

ramsize［ –o offset ］［ image［ size［ offset ］］］

videomode［ –o offset ］［ image［ mode［ offset ］］］

rootflags［ –o offset ］［ image［ flags［ offset ］］］

【参数说明】

- –r：使得 rdev 作为 ramsize 运行。
- –R：使得 rdev 作为 rootflags 运行。
- –v：使得 rdev 作为 vidmode 运行。
- –h：提供帮助。

4. dumpkeys

【命令简介】

Linux dumpkeys命令用于显示键盘映射表，输出的内容可以被loadkeys命令识别，改变映射关系。

【语法格式】

dumpkey［ 选择参数 ］

【参数说明】

- –i：驱动信息（键码范围、数量、状态键）。
- –l：详细驱动信息。
- –n：十六进制显示。
- –f：显示全部信息。
- –1：分行显示按键组合。
- –S：设定输出格式（0：预设，1：完整，2：分行，3简单）。
- --funcs-only：功能键信息。
- --keys-only：键组合信息。
- --compose-only：普通键信息。

【实例】

显示功能键信息：

```
# dumpkeys --funcs-only
string F1 = "\033［［A"
string F2 = "\033［［B"
string F3 = "\033［［C"
```

```
string F4 = "\033 [ [ D"
string F5 = "\033 [ [ E"
string F6 = " \033 [ 17~"
string F7 = "\033 [ 18~"
string F8 = "\033 [ 19~"
string F9 = "\033 [ 20~"
string F10 = "\033 [ 21~"
string F11 = "\033 [ 23~"
string F12 = "\033 [ 24~"
string F13 = "\033 [ 25~"
string F14 = "\033 [ 26~"
string F15 = "\033 [ 28~"
string F16 = "\033 [ 29~"
string F17 = "\033 [ 31~"
string F18 = "\033 [ 32~"
string F19 = "\033 [ 33~"
string F20 = "\033 [ 34~"
string Find = "\033 [ 1~"
string Insert = "\033 [ 2~"
string Remove = "\033 [ 3~"
string Select = "\033 [ 4~"
string Prior = "\033 [ 5~"
string Next = "\033 [ 6~"
string Macro = "\033 [ M"
string Pause = "\033 [ P"
root@snail-hnlinux: ~#
```

显示驱动信息:

```
# dumpkeys –i
键值码范围被内核支持: 1 – 255
可绑定到键值的动作最大值: 256
实际使用的键值数: 128
其中 121 已动态分配
被内核支持的动作码值范围
0x0000 – 0x00ff
0x0100 – 0x01ff
```

```
0x0200 – 0x0213
0x0300 – 0x0313
0x0400 – 0x0405
0x0500 – 0x05ff
0x0600 – 0x0603
0x0700 – 0x0708
0x0800 – 0x08ff
0x0900 – 0x0919
0x0a00 – 0x0a08
0x0b00 – 0x0bff
0x0c00 – 0x0c08
0x0d00 – 0x0dff
0x0e00 – 0x0e0a
内核支持的功能键数：256
编写定义的最大nr：256
实际使用的编写定义nr：68
```

5. poweroff

【命令简介】

poweroff 命令用于关闭计算器并切断电源。

使用权限：系统管理者。

【语法格式】

```
poweroff [ –n ][ –w ][ –d ][ –f ][ –i ][ –h ]
```

【参数说明】

- –n：在关机前不做将记忆体资料写回硬盘的动作。
- –w：并不会真的关机，只是把记录写到 /var/log/wtmp 档案里。
- –d：不把记录写到 /var/log/wtmp 文件里。
- –i：在关机之前先把所有网络相关的装置停止。
- –p：关闭操作系统之前将系统中所有的硬件设置为备用模式。

【实例】

关闭系统：

```
# poweroff
```

参考文献

［1］蔡佳瑞.鸟哥的Linux私房菜：基础学习篇［M］.4版.北京：机械工业出版社，2020.

［2］Blum，R.& Bresnahan，C.Linux命令行与Shell脚本编程大全［M］.3版.北京：人民邮电出版社，2015.

［3］Mauerer，W.深入Linux内核架构［M］.北京：机械工业出版社，2008.

［4］Nemeth，E.，Snyder，G.，Hein，T.R.，Whaley，B.，& Mackin，D.Linux系统管理技术手册［M］.5版.北京：机械工业出版社，2018.

［5］宋宝华.Linux设备驱动开发详解［M］.北京：电子工业出版社，2018.

［6］Sobell，M.G.Unix/Linux技术手册［M］.4版.北京：人民邮电出版社，2017.

［7］赵炯.Linux内核完全注释（V0.12版）［M］.北京：机械工业出版社，2003.

［8］游双.Linux高性能服务器编程［M］.北京：机械工业出版社，2013.